富水松散地层"之"字形大断面主斜井施工关键技术研究

董赛军　孙利辉　著

中国矿业大学出版社

·徐州·

内 容 简 介

本书对羊东矿富水松散地层大断面主斜井施工技术进行了系统研究,主要研究了富水松散地层物理力学性质,优化设计了"之"字形主斜井开拓布置方式,研发出了地面帷幕注浆截流含水层水源补给、超前长短孔预注浆驱散地层遗留水、滞后注浆提高围岩强度的注浆隔水等关键技术,研制出了靶域定位注浆装置等,解决了羊东矿运输能力不足的问题。

本书反映了作者近年来在富水地层井巷工程施工关键技术方面的研究成果,可供从事煤矿开采、岩层控制等方面工作的科研人员和现场工程技术人员参考,也可供高等院校采矿工程专业的教师、研究生学习使用。

图书在版编目(CIP)数据

富水松散地层"之"字形大断面主斜井施工关键技术
研究/董赛军,孙利辉著. —徐州:中国矿业大学出
版社,2022.9
ISBN 978 - 7 - 5646 - 5551 - 8

Ⅰ. ①富…　Ⅱ. ①董… ②孙…　Ⅲ. ①地下采煤—斜
井开拓—研究　Ⅳ. ①TD823.1

中国版本图书馆 CIP 数据核字(2022)第 173752 号

书　　名	富水松散地层"之"字形大断面主斜井施工关键技术研究
著　　者	董赛军　孙利辉
责任编辑	陈　慧
出版发行	中国矿业大学出版社有限责任公司
	(江苏省徐州市解放南路　邮编221008)
营销热线	(0516)83884103　83885105
出版服务	(0516)83995789　83884920
网　　址	http://www.cumtp.com　E-mail:cumtpvip@cumtp.com
印　　刷	徐州中矿大印发科技有限公司
开　　本	787 mm×1092 mm　1/16　印张 9.5　字数 171 千字
版次印次	2022 年 9 月第 1 版　2022 年 9 月第 1 次印刷
定　　价	36.00 元

(图书出现印装质量问题,本社负责调换)

前　言

富水松散地层中井巷工程的施工难度大，其中地下水、松软地层是影响工程正常安全施工的关键因素，常规的施工方法是疏水和加固相结合。本书打破常规设计理念，创新性地提出"之"字形斜井布置方式，富水地层的地面、地下的时空四维注浆堵水技术，又通过优化斜井内皮带布置方式，使设备检修更加方便。本书研究成果解决了困扰峰峰集团羊东矿40多年的斜井施工及矿井运输能力提升问题。

本书通过实验室实验、计算机数值模拟、现场试验、理论分析等手段，针对富水松散地层大断面主斜井掘进方案、注浆隔水技术、围岩控制技术、运输方式与安装技术等进行了研究。主要研究成果如下：

（1）针对羊东矿现场情况，为了充分利用原有地面储、装、运系统，优化设计了"之"字形主斜井开拓布置方式，实现了新主斜井与原出煤系统的无缝对接，提高了矿井运煤能力。

（2）针对施工巷道表土层强含水条件，提出了地面帷幕注浆截流含水层水源补给、超前长短孔预注浆驱散地层遗留水、滞后注浆提高围岩强度的注浆隔水等关键技术，实现了主斜井安全高效施工，有效地解决了羊东矿主斜井富水松散地层施工技术难题。

（3）研制出靶域定位注浆装置，开发了富水黄土地层内小流量、稀浓度间歇式注浆技术和围堰自然返流、邻孔串并联注浆治理跑漏浆技术,解决了水泥浆液可注性差、浆液流失及漏浆问题,成功实现了在羊东矿黄土地层中实施水泥注浆。

（4）研究提出了主暗斜井皮带与主斜井皮带近平行布置方案,两部输送机采用自溜装置搭接,突破了传统煤仓转载搭接方式,解决了机电设备安装及维护难题。

本书的出版得到了国家自然科学基金面上项目"深部工程软岩巷道'连续双壳'治理底鼓机理研究"（51874113）、国家自然科学基金面上项目"弱胶结地层巷道围岩灾变失稳机理"（52074100）、河北省重点研发计划项目"河北矿区深井极难控制巷道双壳加固关键技术研究"（19275508D）、内蒙古自治区科技厅"科技兴蒙"重点专项"煤矿巷道智能矿压监控系统研发与围岩灾变预警技术"（2022EEDSKJMX009）等项目的资助,在此表示感谢! 同时,感谢同行专家在本书撰写过程中给予的关注与支持!

在本书的编写过程中,河北工程大学杨本生教授及董山川、吴浩源、杨贤达等研究生在理论分析和实验室实验方面做了许多工作,羊东矿马清明、李海龙、王伟智等工程师在现场试验方面给予了大力支持和帮助,在此一并表示衷心的感谢!

由于作者水平有限,书中疏漏和不足之处在所难免,敬请读者批评指正。

著 者
2022 年 7 月

目 录

1　绪　　论

1.1　研究背景及意义

1.1.1　研究背景

羊东矿是冀中能源峰峰集团下属主要生产矿井,矿井 1959 年建成投产,设计年生产能力 135 万 t。羊东矿出煤系统由 1 部立井箕斗提升机、11 部带式输送机(现场俗称皮带)、6 个煤仓组成,井下煤炭经过 11 部带式输送机(各部输送机输送能力均为 450 t/h),连续运输到 ±0 水平主煤仓,后通过一坑主井箕斗提升到地面。主井绞车装备一对 JLG-5.2AQ 型 5.2 t 铝合金轻型箕斗,自重 2 773 kg,配置 2JK-3/20E 型提升机,电动机功率为 710 kW,双滚筒缠绕式提升,滚筒直径为 3.0 m,宽度为 1.5 m,最大静张力为 130 kN,最大静张力差为 80 kN。减速器型号为 XCDL-30,最大提升速度为 6 m/s。在用钢丝绳型号为 619s＋NF,绳径为 36 mm。提升一次循环时间为 65 s,箕斗提升能力仅 250 t/h,大大制约了后路输送机运输及工作面生产能力的发挥,使后路输送机常常处于间断性停运状态。受箕斗提升能力的限制,羊东矿年产稳定在 130 万 t 左右。

井筒是矿井生产的咽喉,井筒的提升能力决定了矿井的生产能力。据不完全统计,主井箕斗连续提升 1 h,井下运输机不得不停运 20 min,每天井上下其他运煤系统断续停输送机的时间累计近 6 h。而为了保证矿井 130 万 t 的生产能力,羊东矿箕斗每天不得不运行 20 h,占用了维修时间,井下运煤系统、生产系统都随之延后维修,设备质量存在隐患,矿井的安全生产受到威胁,矿井生产效率较低,与打造高效矿井的目标不相适应。

另外,随着 −620 m 水平的建设,羊东矿延深到 −620 m 水平、−850 m 水平,井田边界从－450 m 水平延深到了－1 100 m 水平,井田面积增加了 16.8 km²,可采储量增加了 7 078.3 万 t,采煤工作面全部实现了综合机械化采煤,矿井的生产能力将大大提高。羊东矿煤炭储量之大、生产能力之高、输送机运输能力之强,矿井所具备的年产 160 万 t 以上的生产能力,与其主立井箕斗提升能力不足形成鲜明对比。矿井主立井系统提升能力小,严重制约了矿井产量的提高。为此,峰峰集团与羊东矿共同成立课题组,研究主立井制约矿井生产能力提高的问题,提出可行性对策,希望实现矿井连续运输。

1.1.2 研究意义

项目组通过详细调研、勘查工业场地附近水文地质条件,分析富水地层水文特征,在现有运输系统的基础上,优化设计合理的井筒布置方案,将井上与井下现有运输系统有机结合,同时研究富水地层斜井支护加固技术来控制大断面斜井围岩的稳定,使施工方案经济上适用、设计上可行、安全上有保证。

本项目的研究,打破了常规设计理念,创新性地提出"之"字形斜井布置方式,富水地层的地面、地下时空四维注浆堵水技术;通过优化斜井内输送机布置方式,使检修设备更加方便。本项目对解决困扰羊东矿 40 多年的井下输送机连续运输问题以及矿井向深部延伸储量增大后产量提升问题,实现运输提升设备正常检修,保障矿井安全、高效生产具有现实意义。同时本项目的创新性研究成果对峰峰集团类似矿井富水地层中巷道(硐室)围岩控制具有借鉴意义,有广泛的推广应用价值。

1.2 国内外富水地层建井技术研究现状

1.2.1 注浆技术发展现状

当前注浆技术已经广泛应用在岩土工程施工中,最早在 19 世纪初就有工程应用记载,至今已经发展了 200 多年。根据注浆技术的发展历程,可将其进一步分为 5 个阶段[1-13]。

第 1 阶段(初始注浆技术的产生阶段):1802 年萨贝里将黏土、石灰搅拌后注入地层中,实现了对裂隙地层的充填作用,标志着注浆技术的诞生。

第 2 阶段:随着硅酸盐水泥的出现,研究人员将水泥浆注入破碎井筒内,起到了堵水作用。由此以水泥为主料的注浆液广泛用于地层开挖工程注浆。

第 3 阶段:19 世纪末,印度建造桥梁首次应用化学浆解决固砂的工程难题,随后研究人员开发了水玻璃、氯化钙等化学注浆材料,实现了浆液快速凝固、地层微小裂隙的可注性。由此以水玻璃为主的化学浆广泛应用于注浆工程中。

第 4 阶段:20 世纪中后期,有机材料得到了快速发展,研究人员开发出了有机高分子材料,如脲醛、酚醛树脂、丙烯酰胺等。有机注浆材料流动性好,但其凝固后强度不高,而且有些化学材料具有毒性。总体上看 20 世纪 80 年代以来化学注浆材料发展很快,煤矿使用化学浆实施地层注浆、充填、堵水、防灭火等,化学浆材料用量很大。

第 5 阶段(现代注浆技术发展阶段):20 世纪 80 年代末,国际岩石力学学会专门设立注浆委员会,由此注浆成为国际上岩土工程科学研究领域的重要研究方向,由单一粗放式的解决注浆工程问题,发展为对注浆工艺、参数、设备、材料、理论等综合内容的研究与分析。

我国岩土工程中注浆技术的研究起步较晚,但随着国家经济建设的快速发展,目前国内岩土工程的相关注浆技术水平已经达到或部分超过了国外水平[14-17]。

1.2.2 注浆加固理论研究现状

注浆理论是指导现场注浆工程实践的主要依据,研究人员在浆液性质、浆液流动性能、浆液与岩土体的作用关系等方面开展了大量研究,提出了很多注浆理论。

(1) 注浆扩散理论[18-23]

1938 年,Maag 完成了砂层中注浆实验,基于牛顿流体运动扩散方程,推导提出了球形渗透注浆理论,其后 Raffle、Karol、Greenwood 等人采用近似的模拟实验,提出了类似的注浆扩散公式。

因注浆液具有黏性,且黏性具有一定的时序性,由此说明浆液不可能具有无限的扩散范围。据此研究人员提出了宾汉流体、时变流体的扩散理论,如Lombardi 基于力学平衡原理,理论推导了注浆液的最大扩散范围;Wittke 和Wallner 根据注浆压力与注浆液屈服强度变化梯度的代数和为 0,推导出了柱面形式的浆液扩散范围公式。

(2) 裂隙岩体注浆理论[24-26]

岩体裂隙内浆液流动形态十分复杂,当前,研究人员大体上应用渗流模型研究单一裂隙或者一组裂隙条件下岩体内浆液的流动特征。如岩体裂隙流体理论基本分为牛顿型浆液扩散理论及宾汉流体浆液扩散理论两种。宾汉理论较牛顿理论对内聚力特征的表述更加准确,故前者应用更广泛。

（3）压密注浆理论[27-30]

20世纪中叶,美国学者基于对土体的注浆加固提出了压密注浆理论,该理论应用比较广泛。1981年,Baker等人将压密注浆方法应用于隧道减沉工程中,效果良好。1886年,Brown、Warner基于注浆试验认为压密注浆是最好的加固方法。我国学者常将理论研究、实验室实验、现场试验相结合开展压密注浆研究,也取得了显著成果。

（4）劈裂注浆理论[31-38]

该理论的基本原理是浆液在高压泵的压力驱动下,获得了超过岩土体剪切和拉伸强度的能量,将沿着最小主应力面产生对岩土体的劈裂作用,最大限度地挤压、填充裂隙地层,凝固后形成骨架,由此提高岩土体的完整性。劈裂注浆技术在现场实际工程中应用十分广泛,但相关理论成果滞后于实践。

（5）破碎岩体注浆加固理论

对于破碎岩体注浆,学者们主要研究了以下几个方面:

① 破碎岩体注浆固结界面特征及破坏规律

Dreese等[39]认为,破碎岩体中各种尺度的弱面破坏了岩体的完整性,因此应对岩体内的节理、弱面的性质加以考虑,方能清楚认识注浆作用。李慎举等[40]基于随机理论建立了破碎岩体二维结构网络模型,研究了破碎岩块形状及岩体应力状态等特征对注浆的影响,认为注浆胶结物与界面的黏结强度是保证注浆效果的关键。

② 注浆对破碎岩体的加固机制

冒海军等[41]通过综合研究方法,分析破碎岩体加固作用的分形特性,研究了不同分形维数对注浆加固后围岩变形规律的影响。马占国等[42]开展了饱和破裂泥岩蠕变期间孔隙演变规律的研究,对比了注浆前后破裂泥岩的孔隙变化规律。周洪福等[43]通过对破碎岩石的三轴试验,认为变形模量是衡量岩体变形能力的重要指标之一。

③ 破碎岩土体注浆效果因素分析

杜永[44]采用大量的对比试验,分析了不同黏结剂及载荷作用下,破碎岩体的渗透特性及演变规律。任克昌[45]通过分析破碎岩体注浆前后强度及变形情况,认为注浆材料、注浆压力对岩体强度提高和抵抗变形能力有较大影响。王汉鹏等[46]对破碎岩石注浆后的力学性能进行了研究,认为注浆对岩石峰后强度提高影响较大。张农[47]认为强度恢复系数及固结系数可作为注浆效果评价的两个重要参数。杨米加等[30]开展了破碎岩体注浆浆液对其力学性能改善的影响分析,获得了一些有益的结论。

1.2.3 注浆材料研究现状

(1)概述

随着注浆技术的发展以及注浆工程类型的日趋复杂多样,注浆材料种类和数量也越来越多。其中,黏土类和石灰类材料作为最早的注浆材料,至今仍被广泛应用。自 1826 年英国的阿谱斯丁发明了硅酸盐水泥后,水泥浆液、水泥-黏度浆液、水泥-水玻璃浆液等得以在注浆工程中大范围使用,直至目前,仍是主要的材料。随着化学工业制备技术的发展,无机化学分解改性水泥基材料、有机化学分解改性水泥基材料、有机-无机化学复合材料等开始在注浆工程中使用。1970 年随着硫铅酸盐水泥的发明,以硫铅酸盐水泥为主的快速水化膨胀类材料也迅速出现。为了克服水泥类材料的缺点,国内外相关研究人员又开发了溶液型的无机和有机类化学注浆材料,并在工程中取得了良好的应用效果。

近年来,随着我国地下工程建设的快速发展,注浆治理项目内容日益复杂,对于注浆材料性能的要求也更加严格。相关学者根据不同的工程需求,在注浆材料研发和已有注浆材料改性方面开展了大量的研究工作。

(2)现有注浆材料类型

目前,虽然已有注浆材料的种类繁多,但根据其组分构成和性能特点,可分为无机系列注浆材料和有机系列注浆材料两大类,其中无机系列注浆材料又分为纯水泥类材料、水玻璃类材料和水泥基复合材料,有机系列注浆材料又可分为单纯有机高分子类材料和有机复合材料。广泛使用的无机系列注浆材料以水泥单液浆、水泥-水玻璃双液浆为主,常用的有机系列注浆材料主要有聚氨酯类、环氧树脂类、酚醛树脂类等,见图 1-1 和图 1-2。

(3)注浆材料发展趋势

当前地下工程建设存在注浆材料用浆量大、成本高、对水泥原材料消耗过度、环境污染严重等问题,无法形成材料生产与环境相协调的产业化格局。随着制备水泥的优质石灰石资源的逐渐短缺,对环境保护的要求越为严格,寻找其替代产品或者通过其他原材料制备水泥材料成为研究的热点和发展趋势。

化学类注浆材料因其具有水泥类材料无法相比的高性能,在一些特殊工程中得以广泛应用。但如何克服使用后对环境造成的影响、简化生产工艺流程、

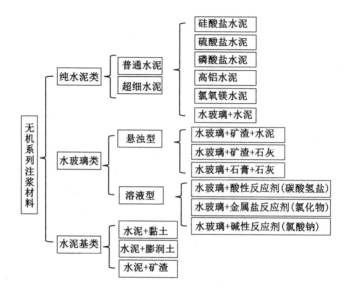

图 1-1　无机系列注浆材料分类

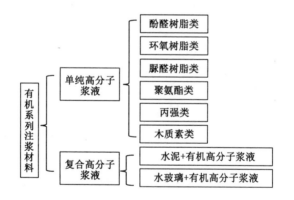

图 1-2　有机系列注浆材料分类

降低生产成本、提高结石体耐久性,是其深入推广应用需解决的问题。

在纳米技术制备注浆材料方面,近年来国内外材料科学研究人员已致力于研究纳米级组分改性水泥类材料或化学类材料,并取得了一定的研究成果,但距应用于注浆工程还有一定距离。

随着工程设计寿命的不断增长,对注浆材料的耐久性提出了更高的要求,研发能够保证工程全寿命周期安全稳定运营的注浆材料成为应对的关键。

1.2.4 斜井施工技术研究现状

斜井工程施工方法及相关技术与煤矿井下其他类型巷道的施工有很多相似点[48-56],但斜井一般有 $10°\sim25°$ 倾角,这一特点使得其井下施工期间的装岩、排矸、支护等工序施工难度增大。合理的施工工艺、施工顺序、人员组织、设备快速运输等是斜井施工技术研究的重点[57-65]。近年来,我国在煤矿斜井施工技术方面发展迅速,处于国际领先水平,在西部建成了一批长斜井矿山。研究人员在注浆加固、锚杆支护、喷浆参数、超前支护、表土段施工、流沙层支护等方面开展了卓有成效的研究[66-71],提出了如砌碹壁后注浆、锚网索支护、锚网＋注浆、锚喷等支护技术,有效解决了斜井支护难题[72-74]。

1.2.5 帷幕注浆技术研究现状

帷幕注浆是注浆法中很重要的一种方法,多年来,我国科技工作者对帷幕注浆理论进行了大量的研究,提出多种注浆理论。研究人员对裂隙岩体网络注浆渗流规律、破裂岩体注浆加固后的本构模型进行了研究,并通过绘制成功树对岩体注浆理论的可靠性进行了分析研究,揭示了岩石破坏后的注浆固结体的力学性能。帷幕注浆的实质是通过地质探孔和注浆孔,将在水中能固化的浆液通过注浆孔压入含水岩层(裂隙、孔隙、洞穴)中,经过充塞、压密、固化后,在主要过水断面上形成一条类似帷幕状的相对隔水带,以减少涌水量的一种技术。

(1) 帷幕注浆技术分类

① 接底式帷幕:注浆孔深入含水层底板,隔水层不小于 5 m。这种方式适用于含水层厚度不大,透水性相对均一的条件。它对含水顶底板进行了全面封闭,解决了深部绕流问题,一般堵水率较高,但钻孔工程量较大。

② 悬挂式帷幕:注浆孔穿透强含水带进入弱透水带即终孔。这种方式适用于含水层厚度大,但随深度增加透水性急剧降低的条件。它的钻孔工程量较小,在设计堵水率的范围内,可缩短工期,降低造价,但存在一定的深部绕流问题。

③ 地面注浆帷幕:造浆、压浆和注浆孔钻进均在地面进行。这种方式适用于含水层埋藏深度不大于 150 m,无效钻进占总进尺比例小的条件。它便于使用大型钻机和大型设备,注浆效率高、质量好,但钻孔有效进尺较低,特别是在含水层较薄时。

④ 井下注浆帷幕:造浆、压浆和注浆孔钻进均在井下巷道硐室中进行。这

种方式适用于含水层埋藏深度大,有可利用的井下巷道或具备开拓注浆巷道的条件。其钻孔有效进尺高,揭露含水层快而准,注浆效果直观,但是需增加井巷开拓投资,钻进、注浆不能用大型设备。

⑤ 地面-井下联合注浆帷幕:造浆、压浆在地面通过输浆孔向井下钻进的注浆孔注浆。这种方式适用于含水层埋深大,有可利用的井下巷道或具备开拓注浆巷道的条件,可利用大型设备,效率高,节约工作量,钻孔针对性强。

(2)帷幕注浆影响因素

包括:① 矿区的水文地质条件,需详细查明注浆含水层的埋藏分布条件及其水文地质特征(厚度、产状、岩溶裂隙率、渗透系数、连通特征、隔水体位置和性能等);② 注浆设计方案;③ 帷幕注浆施工工艺;④ 帷幕注浆的位置及布置形式,结构参数指标;⑤ 注浆材料;⑥ 注浆施工设备。

(3)矿山帷幕注浆案例

① 济南张马屯铁矿帷幕注浆堵水。该矿主要是采用"帷幕注浆堵水为主,结合矿坑同水平完全疏干"的综合治理技术方法。帷幕注浆堵水工程分成三个阶段:小帷幕注浆堵水试验、铺底注浆堵水与补幕、大帷幕注浆堵水工程。在小帷幕试验区内施工铺底注浆工程,并利用铺底钻孔对小帷幕体进行辅助性的补幕注浆。小帷幕区堵水效果由补幕前的53%提高到85%以上。

② 韩旺铁矿竖井井筒止水帷幕注浆。该工程采用最流行和简便的高压旋喷工艺进行设计。但高喷成孔垂直度差、接触带止水效果较差,导致接触带及卵砾石层漏水、旋喷桩咬合不严密等,造成止水效果满足不了要求,因此采用上部旋喷、下部高压注浆堵结合的施工工艺,达到止水90%的效果。

③ 凡口铅锌矿帷幕注浆。整个帷幕注浆均在动水条件下进行,部分较为细小的裂隙注浆量很大,且多次难以起压,属于小裂隙强动水注浆。采用了阻隔浆液效果好、可泵性强的廉价材料,如谷壳、稻草等掺杂在浆液中进行灌注,利用这些材料容易聚集在一起堵塞过水通道的特点,降低地下水的流速,从而达到降低水运载能力的目的;在部分水力梯度特别大的孔段,则调整浆液中水玻璃的含量,促使浆液更快凝固。

1.3　羊东矿富水地层建井工程存在的问题

(1)富水地层中水的处理技术

羊东矿富水地层中仅表土段就发育有3层含水层,且水源补给丰富,矿井周围分布砖砌水井、南台冲沟内泉眼、养鱼池、霍庄泉眼、羊渠河泉眼、王庄水库和忙牛河等水源,1976 年原主斜井施工至接近表土时就是因为地层中涌水量过大而被迫停工至今,后采用施工主立井的形式进行矿井提升。本项目将掘进主斜井,因此首先面临的就是主斜井施工区域地层内水的处理。

（2）主斜井优化设计布置

如果沿着原主斜井继续向地面施工,将面临同样的大水问题以及地面工业场地征地的系列问题,因此,需要综合考虑,设计出施工相对难度小、经济、安全的主斜井布置方案。

（3）富水松软地层内主斜井的围岩控制问题

大量的富水地层内地下工程实践表明,岩石遇水后强度弱化,在工程开挖后很短的时间内围岩即会发生大变形、坍塌等事故,造成井巷工程施工难度大。羊东矿厂区附近地下水极其复杂,故必须深入研究主斜井工程围岩的控制问题及掘进头的积水治理问题。

（4）运输系统机电设备的布置优化

原主井运输系统已经比较完善,本项目要在充分考虑利用原运煤系统的基础上,优化设计出合理的运输系统。所以,增加的运输装备如何与原运输系统无缝对接十分关键,并要考虑运输系统正常运转阶段的维修与维护问题。

1.4　主要研究内容及技术路线

1.4.1　研究内容

针对羊东矿主立井提升能力限制了矿井产能提升的问题,基于富水松散地层条件,研究富水松散地层条件下掘进井筒的可行性、注浆隔水技术、围岩控制技术、井巷工程与机电安装工程的施工组织优化等,提出羊东矿富水松散地层大断面斜井施工关键技术。

主要研究内容包括以下几个方面：

（1）羊东矿产能提升方案优化

基于羊东矿主立井提升现状,并结合主立井附近区域地质条件,提出了多种矿井产能提升方案,通过技术、经济、可行性等分析,确定合理的矿井产能提升方案,即："之"字形大断面主斜井折返式掘进技术方案。

（2）富水地层注浆堵水技术

分析富水地层水文地质特征,通过调研、现场试验,研究主斜井掘进期间地层内注浆堵水方法及配套技术,揭示富水地层注浆加固机理。

(3) 软弱松散地层大断面斜井围岩控制技术

羊东矿主斜井附近观测到的最大涌水量达到 500 m³/h,表土层中发育有 3 层含水层,围岩控制难度大。通过调研及理论分析,将主斜井分为表土段、表土-基岩过渡段及基岩段,分别设计斜井支护加固方案,并通过现场矿压观测确定方案的适用性,最终提出优化的软弱松散地层大断面斜井围岩控制技术。

(4) 主斜井机电安装工程优化

根据主斜井工程施工特点,研究原有输送机与新建输送机的有效连接问题,提出合理的运输系统布置及安装工程优化方案,使矿井能早日扩能生产。

1.4.2 技术路线

研究技术路线见图 1-3。

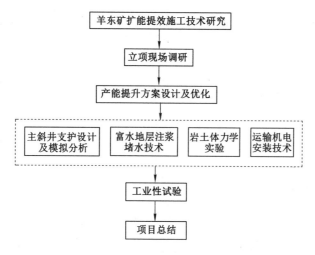

图 1-3 技术路线图

2 羊东矿现状及主斜井区域地质条件

2.1 羊东矿现状

2.1.1 羊东矿地理位置

羊东矿位于太行山的支脉——鼓山的东麓,是峰峰集团所属最东部的一个生产矿井,其行政区划隶属河北省邯郸市,东临华北平原,属山前缓倾斜盆地,地势西高东低、北高南低。

羊东矿距邯郸市约 30 km,距鼓山 10 km,东距 107 国道和京广铁路马头站 10 km,南距邯郸-磁山-马头-邯郸环行铁路新坡车站 4 km,邯峰公路从井田南部通过,新坡-羊东矿-小屯矿-大淑村矿铁路专用线绕行井田南侧和西侧,交通十分便利。

2.1.2 羊东矿地形地貌特征

羊东矿一坑主斜井所处地势西高东低、南高北低,所处标高在 +158 m 左右。矿井周围水系发达,地表水丰富,对主斜井施工影响很大。区内沟谷较发育,有两条 NW-SE 向冲沟斜穿本区,一条近 EW 向冲沟自深部区南端横穿,沟宽 20~100 m,沟深 5~10 m。

本区属暖温带大陆性季风气候,降雨集中在 7、8、9 三个月份,约占全年降水量的 60%,年平均降水量 595.5 mm,年平均蒸发量 1 954.4 mm。年最高气温 41.9 ℃,最低气温 −15.7 ℃,最多风向为南风,最大风速 20 m/s,最大积雪厚度 150 mm。

2.1.3 羊东矿生产现状

羊东矿是由原来的羊一矿和羊二矿两个矿井合并而成,羊一矿和羊二矿均是 1956 年开工建设,1959 年建成投产。羊一矿设计生产能力为 90 万 t/a,开采羊渠河井田的浅部,主副井为一对立井(主井提升容器为箕斗),井底标高 ±0 m;羊二矿设计生产能力为 45 万 t/a,开采羊渠河井田的深部,主副井为一对立井(提升容器均为罐笼),井底标高为 −110 m。1964 年将两个矿井合并为一个矿井,进行集中管理并在井下贯通,1972 年达到设计生产能力 135 万 t/a。

羊东矿由羊渠河井田及羊东井田两部分组成,井田走向长约 10～12.3 km,倾斜宽约 4 km,井田面积 31.909 7 km²,其中羊渠河井田面积 13.232 4 km²,羊东井田面积 18.677 3 km²。

羊东矿西部为二矿、五矿和牛儿庄矿,南面有九龙矿,北面有小屯矿、薛村矿和大淑村矿,其中二矿现已破产关闭,小屯矿和薛村矿为稳产矿井,五矿和牛儿庄矿为衰老减产矿井,九龙矿和大淑村矿为新矿井。

羊东矿利用羊一主井提升原煤,主井井筒直径 5.5 m,提升高度 195 m,设计提升能力为 90 万 t/a。原主井提升容器为 4 t 箕斗,2010 年对主井提升机进行了改造,装备一对 JLG-5.2AQ 型 5.2 t 铝合金轻型箕斗,自重 2 773 kg,配置 2KJ-3/20E 型提升机,电动机功率 710 kW,双滚筒缠绕式提升,滚筒直径 3.0 m,宽度最大 1.5 m,最大静张力 130 kN,最大静张力差 80 kN。减速器型号为 XCDL-30,最大提升速度为 6 m/s。在用钢丝绳型号为 6×19S＋NF,绳径 36 mm。提升一次循环时间为 65 s。实际提升能力为 250 t/h。

主井箕斗提升至地面的煤经 K4 给煤机、筛分机和带式输送机直接送到露天储煤场储存。地面带式输送机参数为:长度 110 m,带宽 1 000 mm,运输能力 500 t/h,电机功率 2×30 kW。筛分机(型号为 SL-U/2-A 型)生产能力为 500 t/h,电机功率 2×7.5 kW。

改造前,羊东矿井下煤炭运输方式为:煤经过 11 部带式输送机(各采区均有采区煤仓实现缓冲)连续运输到 ±0 m 水平煤仓(全长 6 497 m,带宽 1 000 mm,带速 2 m/s,各部输送机的额定运煤能力均为 450 t/h),然后通过主井箕斗提升到地面。

主井提升系统的能力 250 t/h 与输送机的运煤能力 450 t/h 不相匹配,严重制约了矿井生产能力的发挥。

2.2 羊东矿主斜井区域地质条件

2.2.1 主斜井地质及水文地质条件

(1) 地质条件

主斜井范围内基岩均被第三系、第四系黄土所覆盖。各时代地层由老到新有二叠系上统、第三系、第四系,缺失二叠系上统上层岩层、三叠系、侏罗系、白垩系,二叠系与第三系、第四系呈不整合接触。自下而上简述如下:

① 奥陶系中统(O_2)三组八段

a. 下马家沟组(O_2x):区域有揭露 O_2x^1 和 O_2x^2。

b. 上马家沟组(O_2s):区域有揭露 O_2s^1、O_2s^2 和 O_2s^3。

c. 峰峰组(O_2f):钻孔有揭露 O_2f^1、O_2f^2 和 O_2f^3。

② 石炭系(C)

a. 中统(C_2):本溪组(C_2b)假整合于中奥陶统峰峰组之上。上部为浅灰、灰色铝土泥岩及粉砂岩,具有不稳定煤层 0~2 层(10 号煤),煤厚 0~0.45 m,平均厚 0.33 m。本组厚 7~27 m,平均厚 15 m。

b. 上统(C_3):太原组(C_3t)为井田的主要含煤地层,海陆交互相沉积,含 6~8 层海相薄层石灰岩。自上而下为一座灰岩(不稳定)、野青灰岩(稳定)、山青灰岩(较稳定)、伏青灰岩(稳定)、小青灰岩(较稳定)、中青灰岩(稳定)、大青灰岩(稳定)、下架灰岩(较稳定)。含煤 12~15 层,可采者 5 层($4^\#$、$6^\#$、$7^\#$、$8^\#$、$9^\#$煤),局部临界可采 2 层($3^\#$、$5^\#$煤)。本组厚 105~130 m,平均厚 120 m。

③ 二叠系(P)

a. 下统(P_1)

山西组(P_1s):为陆相沉积的含煤地层,含煤 1~4 层,以 $2^\#$ 煤为主要可采煤层,厚度大、稳定。本组厚 63~85 m,平均厚 75 m。

下石盒子组(一段)(P_1x):上部、中部为粉砂岩及铝土岩,下部粉砂岩、泥岩夹中细砂岩。本组厚 37~63 m,平均 47 m。

b. 上统(P_2)

上石盒子组(P_2s):本组分 P_2s^2、P_2s^3、P_2s^4、P_2s^{5+6} 四段,其中第二段(P_2s^2)平均厚 170 m,第三段(P_2s^3)平均厚 115 m,第四段(P_2s^4)平均厚 115 m,第五、六段(P_2s^{5+6})平均厚 155 m。此地段仅残存第二段(P_2s^2)65.72 m 的岩层。岩

层从老到新依次为粗砂岩、砂页岩、页岩、细砂岩、砂页岩、细砂岩、砂页岩、页岩,预计巷道在掘进过程中将揭露该段页岩、细砂岩、砂页岩、细砂岩、砂页岩、页岩岩层。预计巷道自下往上掘进至开口点前 93 m 时,巷道将揭露该段砂页岩,巷道迎头将有 0.1 m³/min 的涌水;预计巷道掘进至开口点前 115 m 时,巷道将揭露该段页岩,巷道迎头将有 0.1 m³/min 的涌水。

石千峰组(P_2sq):第一段(P_2sq_1)平均厚 155 m,第二段(P_2sq_2)平均厚 75 m。

④ 三叠系(T)

a. 家沟组(T_1j):以浅紫、棕色板状薄层、厚层细粒砂岩为主,本井田揭露不全。

b. 和尚沟组(T_1h):零星出露,由紫红色粉砂岩、泥岩及浅紫色、棕色细粒砂岩组成,本井田揭露不全。

⑤ 第三系、第四系[Kz(R、Q)]

由黄土、黏土、砂土、砂砾岩及半胶结状砂岩及砾岩组成,厚 0～56.12 m,一般厚 10 m。此地段厚度为 18.24 m。主斜井该段巷道范围内基岩均被第三、四系黄土所覆盖。各时代地层由老到新有二叠系上统、第三系、第四系,缺失二叠系上统上层岩层、三叠系、侏罗系、白垩系,二叠系与第三系、第四系呈不整合接触。沉积物(风化物)从老到新依次为砂质黏土层、卵石中夹有粗砂层、黏土中夹有河流石层、表黄土层。

主斜井所处地段煤岩层走向 N14°W,倾向 N76°E,倾角 4°～6°。该段巷道位于 F_7($H=35$ m)断层上盘,地质构造简单,预计主斜井在掘进过程中不揭露该断层。地层柱状图见图 2-1。

(2)水文地质条件

主斜井在掘进过程中,不受下部水害威胁,涌水主要来源于浅部的第三系、第四系潜水含水层。

羊东矿一坑副井施工资料显示,当凿井穿过第三系、第四系与二叠系时,井筒涌水量最大达到 97 m³/h,第三系、第四系沉积物厚度为 18.24 m,含水层范围为地表往下 4.87～18.24 m。含水层沉积物为:黏土中夹有河流石层、卵石中夹有粗砂层(不胶结)、砂质黏土层。经主斜井掘进揭露资料证实,该三层含水层均为砾石,砾石直径为 10～100 mm,其间夹杂有河沙及黄土。第一层砾石,距地面垂距 2 m,厚度 0.2 m,水量小,明槽开挖深度为 6 m,水泥浇筑成巷,对施工影响较小;第二层砾石,距地面垂距 6 m,厚度 0.25 m,揭露时涌水量最大为

地质时代			累计厚度/m	岩层厚度/m	柱 状 图 (1:200)	岩石名称	备注
系	统	组					
第四系			2.0	2.0		表黄土层	
			2.2	0.2		砂石、卵石层	涌水量较小
			6.0	3.8		黄土层	
			6.25	0.25		砂石、卵石层	涌水量最大为30 m³/h
			10.8	4.55		黄土层	
			12.5	1.1～3.5		砂石、卵石层	涌水量最大为138 m³/h
			18.24	5.74		黄土层	
二叠系	上统	上石盒组	34.35	16.11		页岩	受风化作用，破碎，裂隙发育
			50.49	16.14		砂页岩	

图 2-1　地层柱状图

30 m³/h;第三层砾石,距地面垂距为 10.8 m,厚度 1.1～3.5 m 不等,揭露时涌水量最大为 138 m³/h。

（3）羊东矿周边水文环境

羊东矿以北约 1 100 m 为牤牛河水与汇集水形成的王庄水库（水库汇水面

—— 15 ——

积常年在 10 000 m² 左右），虽然距离较远，但其对矿井周围地表水补给影响较大。东部约 550 m 处有一砖砌水井，涌水量丰富，四季供当地浇地；东部约 900 m 为南台冲沟，沟内有常年流水的泉眼存在，旱时水量较少，但四季不涸。南部约 500 m 有两个养鱼池（水面约 2 500 m² 左右，由冲沟内的霍庄泉水及矿排出水供给）。西部约 400 m 处为霍庄泉眼（四季不涸，村民常在此洗衣，旱时水量较小），泉水经冲沟进入两个养鱼池中。西南约 1 600 m 处为羊渠河泉眼，为王庄水库供水，四季长流，且流量较大，供下游灌溉使用。

由以上情况可知，主斜井周围水系发达，地表水丰富，一定会对主斜井施工产生很大影响。

2.2.2　富水黄土层工程特性

主斜井穿越的富水地层主要为砾石层，在天然状态下，结构松散，在自重的作用下即可压密。基岩为砂质泥岩，在工程上主要表现为细砂的粒径分布均匀，且粒径范围很小，结构松散，在外界荷载作用下，很容易变形，破坏滑移往往是瞬间发生（细砂泥岩体主要靠颗粒间法向压力形成的粒间摩擦力维持本身稳定和承载能力，所以在剪力的作用下岩土体很容易失稳；同时岩石受水的影响变化极大，干燥无水的情况下密实，有较大的承载能力，但是在受水浸泡的作用下，颗粒之间立即分解，失去原有的形态，成为流塑性状态）。

因此，认识该类围岩，需要进行原状土物理力学指标量化分析，为工程设计及现场施工提供基础依据。

直接剪切实验是测定土的内摩擦角和黏聚力的一种常用方法，设备简单、便于操作，应用广泛。直剪实验可分为快剪、固结快剪和慢剪 3 种实验方法。快剪是在试样上施加垂直应力后，立即施加水平力，试样在 1 min 内剪坏；固结快剪是在试样上施加垂直应力后，待排水固结稳定，再立即施加水平力，试样也在 1 min 内剪坏；慢剪是在对试样施加竖向压力后，让试样充分排水固结，待沉降稳定后，以小于 0.02 mm/min 的剪切速率施加水平剪应力直至试样剪切破坏，使试样在受剪过程中一直充分排水和产生体积变形。

（1）实验概述

仪器设备：EDJ-1 型二速电动等应变控制式直接剪切仪、量表、天平、环刀等。

实验操作步骤：

① 对准剪切容器上下盒，插入固定销。在下盒内放透水板和滤纸。将带有

试样的环刀刃口向下,对准剪切盒口,在试样上放滤纸和透水板,将试样小心地推入剪切盒内,移去环刀。

② 移动传动装置,使上盒前端钢珠刚好与测力计接触。依次放上传压板、加压框架,安装垂直位移和水平位移量测装置,并调至零位或测记初读数。

③ 施加垂直压力后,立即拔取固定销,开动秒表,以 4 r/min 的均匀速率旋转手轮,使试样在 3~8 min 内剪损。如量力环中量表指针不再前进或者显著后退,表示试样已损坏。

一般,宜剪至剪切变形达 4 mm。若量表指针继续前进,则剪切变形应达到 6 mm。手轮每转一转,记录量力环量表读数,并根据需要记录垂直量表读数,直至剪损。

④ 剪切结束后,吸取剪切盒中积水,倒转手轮,尽快移去垂直压力、框架、钢珠加盖板等。

抗剪强度计算公式:

$$\tau = c + \sigma \cdot \tan \varphi \qquad (2-1)$$

$$\sigma = \frac{P}{A} \qquad (2-2)$$

$$\tau = \frac{Q}{A} \qquad (2-3)$$

式中,τ 为剪应力,kPa;σ 为正应力,kPa;P 为垂直载荷,N;Q 为剪切载荷,N;A 为试件剪切面积,mm²;c 为土的黏聚力,kPa;φ 为土的内摩擦角,(°)。

各组根据实验所得不同正应力下的抗剪强度值,计算出 c、φ 值。

剪应力按下式计算:

$$\tau = CR \qquad (2-4)$$

式中,τ 为剪应力,kPa;C 为量力环率定系数,kPa/0.01 mm;R 为百分表读数。

剪切位移按下式计算:

$$\Delta l = 20n - R \qquad (2-5)$$

式中,Δl 为剪切位移,0.01 mm;n 为手轮转数。

(2) 实验结果

图 2-2 所示为实验仪器及试样,表 2-1 为直剪实验结果。由表 2-1 可知,流砂层土体试样黏聚力结果均为 0,说明流砂层土体基本上呈完全松散状态,摩擦角平均值为 34.09°;黄土黏聚力平均为 172.60 kPa,内摩擦角平均为 18.02°,说明表土层基本上具有导水能力、具有明显的松散特征。

（a）实验仪器　　　　　　　　　　　　　（b）试样

图 2-2　土层直剪实验仪器及实验试样

表 2-1　土层直剪实验结果

试样编号	起深/m	止深/m	土样类型	黏聚力/kPa	黏聚力平均值/kPa	内摩擦角/(°)	内摩擦角平均值/(°)
A1	2	3	黄土	243.94	172.60	16.03	18.02
A2	15	18		101.25		20.01	
B1	5	6	流砂	0	0.00	31.45	34.09
B2	7	8		0		37.52	
B3	10	12.9		0		33.29	

2.2.3　富水砂页岩层工程特性

（1）砂页岩抗压强度

现场采集了井下掘进头砂页岩试块,加工成标准实验试样后,进行单轴抗压实验,实验结果见表 2-2。图 2-3 为岩石应力-应变曲线,图 2-4 为砂页岩破坏形态。不难看出,羊东矿主斜井基岩段砂页岩强度较低,试样平均抗压强度不到 30 MPa。岩石破坏后进入峰后阶段具有一定的强度,但强度较低,如果不采取有效的围岩控制技术难以保证主斜井的稳定。通过岩石的破坏形态可以看出,岩石主要以剪切破坏为主,发育有明显的剪切破坏面。

（2）砂页岩崩解实验

采用岩石耐崩解试验仪、烘干箱、电子天平进行耐崩解实验,岩石耐崩解指数采用下式计算:

表 2-2　砂页岩单轴抗压强度实验结果

岩石名称	试样编号	深度/m	直径/mm	高度/mm	密度/(g/cm³)	破坏载荷/kN	抗压强度/MPa	抗压强度平均值/MPa
砂页岩	1	25	50.36	100.14	2.29	36.33	18.24	25.12
	2	25	50.19	100.14	2.30	72.72	36.76	
	3	30	49.85	99.6	2.29	59.21	20.35	

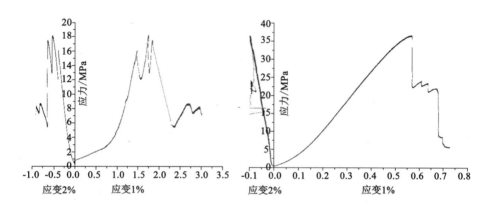

图 2-3　砂页岩应力-应变曲线

图 2-4　砂页岩破坏形态

$$I_{dn} = \frac{m_n}{m_d} \times 100\% \qquad (2-6)$$

式中，I_{dn} 为岩石的耐崩解指数，%；m_d 为原始样品干质量，g；m_n 为第 n 次崩解循环剩余样品干质量，g。

表 2-3 为不同崩解循环次数后残余砂页岩质量。由表可知，随着循环次数

的增加,残余岩石质量逐渐减小,到第 5 次循环后岩石完全崩解。岩石耐崩解指数与循环次数大致呈线性递减关系,如图 2-5 所示。

表 2-3　不同崩解循环次数后残余砂页岩质量

循环次数	0	1	2	3	4	5
质量/kg	579.6	100.65	56.67	27.45	10.20	0.00

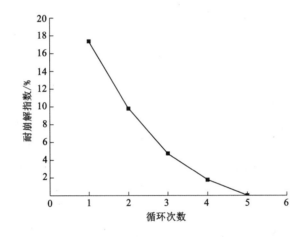

图 2-5　砂页岩耐崩解指数与循环次数关系曲线

（3）砂页岩浸水实验

图 2-6 为地面以下 60 m 砂页岩水浸泡前后对比图。由图可见,受水浸泡作用,岩石以片状破坏为主,浸泡一段时间后岩石变成多个片状块体。结果表明:岩石内部结构比较致密,水分子通过岩石内部的天然微小裂隙进入岩石内部,通过膨胀力沿裂隙逐渐将岩石破坏。随着浸泡时间的增长岩石剥落崩解成多个碎块。

（4）岩石遇水崩解机理分析

岩石崩解室内实验实际上是将岩石反复地暴露在干燥和水环境中,使其发生物理、化学反应后发生破坏。岩石在干燥环境下初始阶段其结构比较完整,岩石内部空隙较少,如图 2-7(a)所示。将岩石放入崩解试验仪水环境下搅拌时,岩石表面的空隙吸水,并在岩石表层产生很多次生孔隙,如图 2-7(b)所示。次生孔隙产生的原因:一是由于岩石中矿物与水发生化学反应,生成新的物质,二者密度不同,产生次生孔隙,如钾长石与水发生化学反应生成高岭石;二是水

(a) 完整砂页岩　　　　　　　　(b) 浸泡1 h

(c) 浸泡1 d

图 2-6　地面以下 60 m 砂页岩遇水崩解情况

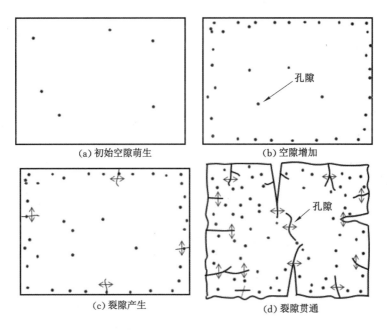

(a) 初始空隙萌生　　　　　　　(b) 空隙增加

(c) 裂隙产生　　　　　　　　　(d) 裂隙贯通

图 2-7　岩石遇水崩解过程

对岩石中的黏土矿物具有溶蚀作用,在原来黏土矿物的位置形成次生孔隙;三是岩石中的黏土矿物伊利石吸水发生膨胀,使岩石内部产生孔隙;四是水分子进入黏土矿物的晶格中,使其发生膨胀,产生次生孔隙。岩块继续在水中浸泡,水继续通过孔隙及微裂隙向岩石内部流动,次生孔隙越来越多,同时伴有非均匀膨胀,使岩石表面孔隙连通局部出现裂隙,见图 2-7(c)。随着岩石被浸泡时间的增加,水在岩石内部空隙中流动和化学反应的空间逐渐增大,这个过程中主要发生了水冲刷流动带走岩石内脱落的颗粒及胶结物、水与矿物发生化学反应产生次生孔隙,岩石内部裂隙最终连通,完整岩石破坏成多个岩石碎块,见图 2-7(d)。

3　主斜井"之"字形折返式掘进方案优化分析

3.1　斜井开拓优势及成功案例

3.1.1　斜井开拓的优缺点

斜井开拓与立井开拓相比,具有投资省、出煤快、效率高、成本低等优点。因此国内外大、中、小型矿井均有采用,并占有相当大的比例。如我国东北鸡西、鹤岗、阜新等老矿区,在小型矿井中采用片盘斜井开拓的较多;西北地区的生产矿井,斜井开拓的比例已超过50%。随着矿井设计的大型化、生产集中化、运输机械化和自动化,国内外大型矿井趋向采用斜井开拓或斜井-立井联合开拓。

(1)斜井开拓的优点

① 煤炭运输不间断。斜井从工作面到地面采用带式输送机运输,为不间断连续运输,系统简单,运输量大。

② 设备较可靠。国内已有酸刺沟煤矿使用斜长 1 067 m、倾角 16°、运量 4 200 t/h 的大运量带式输送机。目前国内部分矿井使用斜井带式输送机的情况如表 3-1 所示。

③ 投资低。即使考虑全部冻结,一般国内斜井总投资也比立井少近千万元。斜井除矿建投资比立井高,其余费用均比立井低,特别是立井绞车装备费用较大。

④ 矿井建井工期相当。尽管斜井较立井距离长,但立井的施工难度较斜井大,总体计算下来二者的施工工期相当。

表 3-1　国内部分在建主斜井带式输送机使用情况

矿井名称	输送量 /(t/h)	带宽 /mm	带速 /(m/s)	距离 /m	倾角 /(°)	带强 /(N/mm)	提升高度 /m
古城煤矿	3 500	1 800	4.5	1 883	16	5 400	540
酸刺沟煤矿	4 200	1 800	4.8	1 067	16	5 000	280
清水营煤矿	3 300	1 800	4.5		26	5 400	320
塔山煤矿	7 000	2 000	5	466	16	3 500	133
梅花井煤矿	3 100	1 600	6.5	1 790	16	6 300	514

⑤ 井下没有较大硐室施工。立井必须配备大型的装载硐室,如内蒙古察哈素煤矿原设计立井外形尺寸 11 m×25 m×6 m,在矿井岩石抗压强度一般小于30 MPa 的条件下,与大直径立井相连,将使硐室体积增大,支护施工难度大。

(2)斜井开拓的缺点

斜井施工对于遇到不良地层适用性差,大多需要采取冻结法施工。与立井施工相比,斜井对穿过地层要求更高,如立井如果穿过 1 m 不良地层,斜井一般需要 3.6 m 才能穿过,故增加了施工难度。

3.1.2　富水地层斜井开拓成功案例

(1)李家坝煤矿斜井穿越流砂层案例

李家坝煤矿隶属神华集团宁夏煤电有限公司,位于宁夏回族自治区银川市东南约 120 km 处,行政区划属盐池县管辖,设计生产能力为 90 万 t/a。矿井采用斜井开拓方式,布置主、副、风三条斜井,主、副斜井古近系段坡度 20°,回风斜井古近系段坡度 24°。斜井技术参数见表 3-2。

表 3-2　李家坝煤矿三条斜井技术参数

项目	主斜井	副斜井	回风斜井
井筒倾角/(°)	20	20	24
总斜长/m	1 440	1 440	1 334
掘进断面宽度/m	6.9	5.7	6.1
掘进断面高/m	6.292	6.079	6.053

李家坝煤矿的主、副斜井及回风斜井穿越第四系表土层、古近系地层和侏

罗系延安组地层等,其中第四系表土层主要为风积砂,古近系地层主要由浅红色呈半固结状态细砂、黏土组成,侏罗系延安组地层主要由各粒级砂岩、粉砂岩、泥岩及煤层组成,煤岩层的力学性能极软弱。穿越地层存在 3 个主要含水层组,即第四系、古近系及基岩风化带裂隙-孔隙含水层组(Ⅰ),侏罗系中统延安组 12 煤以上砂岩孔隙-裂隙承压含水层组(Ⅲ),侏罗系中统延安组 12~18 煤砂岩孔隙-裂隙承压含水层组(Ⅳ),特别是古近系地层主要是黏土与砂层互层组成,最大富水层深度在 97.0~113.0 m,以黏土质细砂为主、土质均匀、透水性强、孔隙比大、含水率高、强度低,属于流砂地层,而砂层含水极易形成流砂层。

　　由于李家坝煤矿斜井井筒处于流砂层中,软岩巷道中常使用的积极主动支护形式如锚杆支护、锚索支护等,因井筒围岩中没有稳定岩层而不能形成有效的锚固端,几乎不能发挥锚杆、锚索等主动支护方式对围岩的加固作用。基于软岩巷道支护理论及围岩稳定性控制技术,过流砂层段斜井井筒支护采用全封闭式支护结构,即初次支护采用型钢支架配合钢筋网、喷射混凝土等组成的联合支护方式;然后在初次型钢支架与喷网支护基础上,采用现浇钢筋混凝土构成二次衬砌结构,以解决过流砂层段斜井井筒支护结构的长期承载和止水固砂等问题,确保斜井井筒的长期稳定与安全。其过流砂层支护设计见图 3-1。

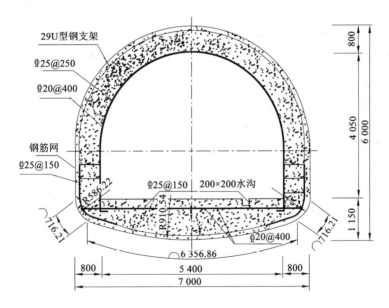

图 3-1　主斜井井筒过流砂层衬砌结构配筋图

选择斜井井筒支护结构为型钢＋网喷＋二衬钢筋混凝土结构,现场对支护结构进行了矿压监测,钢筋受力在初期 1～10 d 内为调整过程,然后逐渐增长,最后逐步趋于稳定,仅存在幅度较小的波动;井壁收敛变形大致经历急速增长期、缓慢增长期和稳定时期三个阶段。变形急速增长周期为 50 d 左右,顶底板的收敛变形量大于两帮的收敛变形量,顶底板最大移近量达到 20.17 mm,两帮最大移近量达到 5.00 mm。对井壁关键部位进行受力与变形监测与分析,结果表明现有的支护结构能够满足斜井井筒的稳定性要求。

(2) 安徽霍邱诺普矿业有限公司强含水地层主斜坡道工程高压摆喷治水应用

安徽霍邱诺普矿业有限公司为生产能力 750 万 t/a 的大型地下矿山,矿井修建一条由地表直通井下作业面的斜坡道工程,该斜坡道在第四系中的总长度为 1 074 m,其中位于流砂层、砂砾石层和风化基岩破碎带等复杂地层中的长度达 643 m。该矿地处淮河流域中上游冲积平原区,在主斜坡道建井过程中,需穿越厚度达 60 m 的砂层和风化基岩砾石层,该段地层不仅厚度大,而且富水性较强,是矿山主要的含水带。

据统计,羊东矿矿区内第四系分布广泛,由 −23.34 m 水平一直延深到 −100 m,分布着厚度达 2.2～2.3 m 的流砂层、60 m 左右的砂砾石层和风化基岩破碎带。流砂层含有一定程度孔隙承压水,开挖暴露后易出现流砂或坍塌失稳,砂砾石层和风化基岩破碎带不仅厚度较大,且富水性较强。

① 高压摆喷注浆

为提高安全性,降低能耗,节约成本,摒弃了常规使用的冷冻建井法,采用高压摆喷构筑地下连续截渗墙的方式,治理风化基岩砾石含水地层中的承压水。高压摆喷注浆借助高压气体裹挟的高压水介质,在喷嘴匀速提升的同时,以注浆孔轴线为中心,以一定的速率和角度左右摆动切削、掺搅,冲击地层中的黏土、砂土和砾石,使水泥浆液与注浆地层颗粒充分掺混,形成水泥凝结固化体,并使少量细粒物质经注浆孔升扬至地表,从而在地下形成形态规则的单体板墙,原理见图 3-2。按照一定间距设置的注浆孔通过孔间高压摆喷浆液扩散并连接连续的板墙,形成隔水帷幕,实现治水、防渗的目的。

② 高压摆喷方案

工程需灌浆处理的含水层为风化基岩含水层。选取单排孔摆喷直线对接连续墙[图 3-3(a)]和单排孔摆喷折线对接连续墙[图 3-3(b)]进行现场试验。根据试验后的开挖结果,发现部分单排孔摆喷直线对接结构Ⅰ序孔高喷施工时

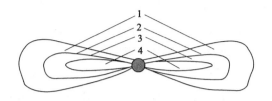

1—渗透凝结体;2—挤压体;3—搅拌混合层;4—浆液主体层。

图 3-2　摆喷凝结体结构

受到砾石层中颗粒大小及结构差异的影响,局部喷射距离接近甚至超过Ⅱ序孔位置。受Ⅰ序孔高压摆喷灌浆凝结体阻隔,在进行Ⅱ序孔高压摆喷施工时,容易造成钻孔偏斜,且钻孔穿过Ⅰ序孔的高压摆喷灌浆凝结体时,受凝结体近距离的阻碍,高压摆喷灌浆喷射不出去,易形成局部薄弱甚至造成缺失,防渗墙不能连续,影响整体防渗效果。

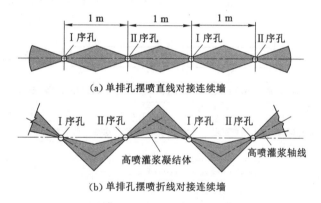

图 3-3　高压摆喷布孔

最终选择单排孔摆喷折线对接连续墙的工程方案,采用 180°双向喷头,摆喷起点与轴线呈 5°夹角,外摆 60°,Ⅰ序孔与Ⅱ序孔呈折线连接,摆喷折线夹角为 170°。为了确保处在砂砾层内的墙体保持稳定,能够承受较大的水压力和土压力,需要有一定的强度。单排防渗墙厚度 30 cm 左右,强度满足 2.0~5.0 MPa。自斜坡道－21 m 水平下山变坡点位置开始,沿斜坡道轴线走向水平距离231.04 m 长度范围内,在距斜坡道中线两侧各 7.5 m 处构筑地下防渗连续墙,同时两端构筑横向防渗连续墙与两道纵向墙体,形成全封闭悬挂式防渗截流连续墙。为了确保地下巷道开挖与地表高压摆喷灌浆形成流水作业,在高压摆喷施工−21 m 水平起点向前 30.0 m、112.94 m、151.56 m(水平距离)分别设置第1 道、第 2 道、第 3 道横向间隔防渗挡墙(宽度 15.0 m)。按照横向防渗连续墙划分施工段落:Ⅰ段(水平长 30.0 m)、Ⅱ段(水平长 82.94 m)、Ⅲ段(水平长38.62 m)、Ⅳ段(水平长 79.48 m),共计 4 段。其中Ⅰ、Ⅱ、Ⅲ段主要针对流砂层和砂砾石层做防渗截流处理,Ⅳ段主要针对第四系下部风化基岩含水层做防渗截流处理。见图 3-4。

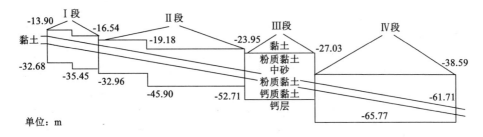

图 3-4 地下防渗连续墙示意

高压摆喷灌浆构筑地下防渗墙作业效率平均为 5.0～7.0 cm/min,灌浆总长度 13 391.44 延米,采用 2 台高压摆喷灌浆台车,仅需 71.54 个工日即可快速形成防渗挡墙,高压摆喷最深达 90 m,形成的防渗墙堵水率达到 85%以上,达到了高效施工,良好的施工质量,安全、快速穿越第四系流砂、含水地层的目的。

由于高压摆喷在土体中形成的是局部的(不一定全高范围)、厚度较薄(20～100 cm)的墙体,相比常规冷冻法建井技术,它在工程材料消耗、施工速度、安全性等方面都具有较大优势,尤其是在截渗墙形成的开挖阶段,不再需要全天候对开挖面周围进行冷冻处理,从而大大降低了能耗,符合国家低碳经济政策。

由此可见,富水地层条件下采用斜井开拓完全可以实现,但地层中水的处理是关键。

3.2 羊东矿主提升系统扩能方案优化

3.2.1 制约羊东矿产能提升的因素

目前,制约羊东矿产能提升的瓶颈问题是提升能力不足。后路运输系统450 t/h 的生产能力,已经具备提档升级的能力,具备年产 180 万 t 的生产能力,但工作面的生产能力受主立井箕斗提升能力(250 t/h)的限制,还没有发挥出应有的水平。如果能够解决主立井提升问题,则矿井产能提高问题迎刃而解。图 3-5 所示为主、副立井。

主立井井架

副立井井架

图 3-5　主、副立井

为了提高矿井的原煤提升能力,早在 1976 年矿井曾设计一条皮带斜井,计划利用斜井出煤,井口设在厂区外。井下自现有带式输送机机头上部 35.8 m 处向上施工+16°斜井共计 347 m,施工迎头标高为 121.1 m,距地面垂直距离为 37 m。因距地表水较近停止施工,涌水量较大,后改变设计将井口改至厂区内,并自地面向下施工 15 m 左右,又因井口距附近的水库较近,地表水丰富而被迫停止施工。图 3-6 所示为原主斜井井口。当时经测量,涌水量达到近

原主斜井地面位置

图 3-6　原主斜井井口位置

150 m³/h,加之当时西北区的储量变少,斜井出煤涉及工农关系,后经研究决定不再进行系统改造,因此该工程全面停止。

总结目前羊东矿现状,可知影响羊东矿产能提升的因素,主要为主立井的提升能力不足;同时厂区附近水系十分发育,地层中地下水丰富,新掘进巷道工程面临水害治理的问题;还要考虑新建工程的占地问题等。

3.2.2　羊东矿主提升系统扩能 5 个初步方案

综合考虑矿井现状、厂区位置关系、水文地质条件等因素,提出了以下 5 个矿井扩能建设升级方案:

(1)方案 1

主井箕斗增容改造,更换 7 t 以上的箕斗,将其提升能力加大。原箕斗提升能力为 5.2 t,改造后主井提升能力可较原提升能力提高近 40%,矿井产量达到 180 万 t/a。

(2)方案 2

将箕斗更换成连续运煤的大吨位斗式提升机,见图 3-7。提升系统提升能力可提高近 1.3 倍。

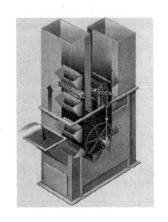

图 3-7　连续斗式提升机

(3)方案 3

将 1976 年施工的主斜井工程剩余部分完成,在现出煤系统基础上增加两部带式输送机,实现皮带连续运输,新建地面储、装、运系统。

(4)方案 4

按 1976 年施工的主斜井方向继续施工至地面,井口设在厂区外,新建地面储、装、运系统,在原出煤系统的基础上新增一部带式输送机,实现皮带连续运输。或不新建储、装、运系统,利用皮带走廊运至现地面筛选系统,但也要在原有出煤系统的基础上新增两部带式输送机。

（5）方案 5

利用一部分 1976 年施工的主斜井工程,施工新的主斜井,调整主斜井方向,即采用"之"字形返向施工,使得井口远离水库且井口设在厂区内,带式输送机机头卸载点设在主井附近。在暗斜井、主斜井内铺设两部带式输送机与原出煤系统搭接形成新的出煤系统,利用原有的地面储、装、运系统,在尽可能减少工程量的基础上,达到矿井皮带连续运输的目的。设计剖面见图 3-8。

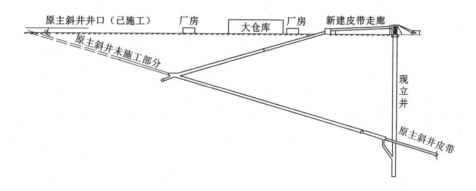

图 3-8　"之"字形主斜井设计图

3.2.3　初步方案技术经济比较

（1）方案 1、方案 2 分析

方案 1、方案 2 均要进行主井绞车的更换,需要对主井中的相关设施进行更换,停产时间长,这样矿井将全面停产,带来的经济影响较大。另外方案 2 采用的箕斗连续运输,在地面建筑施工、农业粮食运输等相对轻型运输领域技术比较成熟,但对矿山领域属于新产品,未进行过工业性试验,其可靠性需要检验,一旦出现问题,难以处理,将进一步影响矿井的安全生产,影响矿井正常生产的时间将更长。

立井提升机技改增容还有两个难题:一是资金耗费大;二是建设工期长,不利于生产正常进行。具体来说:

① 立井绞车扩容,需要对主提升机、电机、箕斗等进行更换,本项目更换上述设备需资金 700 万元,工期 20 d。

② 主立井绞车基础投建于 1958 年,当时绞车基础是按照年产 90 万 t 设计建设施工的,且已经过多年的使用,如进行扩容,原基础设计承载强度将不符合要求,基础需要重新建设,需资金 100 万元,工期 30 d。

③ 井架承载能力设计建设达不到要求。目前井架采用的是钢结构,经过多年的使用,井架局部锈蚀严重,若扩容需要对井架进行重新设计建造,需资金 100 万元,工期 15 d。

④ 井筒装备(钢梁、罐道)承载能力达不到要求,需要重新进行安设,需资金 200 万元,工期 30 d。

经过综合计算,采用更换主立井提升机的方式对羊东矿进行产能提升,合计资金投入约 1 100 万元;通过将上述机电安装、地基加固等工程采用平行作业,项目施工工期也最少需要 45 d,这样羊东矿需要彻底停产一个半月时间。如果矿井停产 45 d,会造成少出原煤近 16.9 万 t,井下所有排水、提升、压风、供电、通风系统无效运转 1.5 个月,按每吨煤利润 100 元、系统运转费用 1 000 万元计算,共计损失 2 690 万元。再考虑到综合改造成本 1 100 万元,方案 1 和方案 2 综合费用均至少 3 800 万元。

(2) 方案 3、方案 4 分析

① 时间方面

方案 3、方案 4 只是在原有系统正常运转的情况下进行各环节的施工及改造,仅需在新旧输送机系统合并使用安装期间停产 7 d,损失较方案 1 和方案 2 将大大减少。

② 改造费用

在项目投入费用方面,通过计算方案 3 和方案 4 系统改造所需费用在 2 500 万元左右,新建储、装、运系统需要资金近 300 万元,较方案 1 和方案 2 投入费用少。

③ 适用性

方案 3 和方案 4 改造成功,系统正常运转后,所有的运输设备易于维护,且设备均为煤矿成熟装备,运行可靠。

④ 缺点

一是方案 4 需要解决工农关系及征地问题,相关手续需要的时间及费用会相应增加;二是井口距水库较近,施工中涌水较大,施工困难;三是需要在厂区新建近 300 m 的皮带走廊,工程量较大。方案 3 不用涉及工农关系及征地问题,但要新建储、装、运系统,或施工地面皮带走廊。对比两个方案可知,方案 3 优于方案 4。

（3）方案 5 分析

方案 5 利用"之"字形反向掘进主斜井,既充分利用了 1976 年原主斜井工程,又可使井口远离周边水库、养鱼池、河流、泉眼等水源,施工时斜井内涌水量会相对较少,且主斜井反向后出露地表位置在主立井西南 96 m,卸载点在主立井附近,这样可以继续使用现有地面储、装、运系统。与方案 3 和方案 4 比较,其矿建工程量不变,但皮带走廊工程量大大减少。

综合比较可知,方案 5 为最优方案。

3.2.4 "之"字形大断面主斜井设计方案

针对羊东矿区域地质条件,对主斜井及其辅助巷道布置、运煤设备、地面生产系统、供配电系统、地面建筑、建设工期及工程概算等内容进行了设计。

根据初步设计,出煤系统改造的主要内容为:在羊一工业广场中部新建主斜井并与主暗斜井(上段)贯通,主暗斜井上段与下段亦实现贯通。主斜井、主暗斜井(上段)各安设 1 部带式输送机,并与原井下煤炭运输系统搭接,形成新的主提升系统。煤炭经原出煤系统到暗斜井皮带,"之"字形反运到主斜井皮带,再运至主井井口筛选系统。

（1）"之"字形大断面主斜井开拓设计

通过分析主立井生产系统及其富水地层水文地质特征,利用原主斜井完工工程,在原主斜井完工工程基础上,在坐标 $X = 38\ 422.100$ m、$Y = 21\ 868.911$ m、$Z = +98.448$ m 位置,反向与水平面成 16°角向地面方向掘进,地面开口点坐标为 $X = 38\ 572.497$ m、$Y = 22\ 013.274$ m、$Z = +158.277$ m。这样新施工主斜井可远离矿井附近的水源,有利于斜井的施工。经调研国内未见"之"字形布置主斜井的方式。近年来随着我国矿井逐年向深部延伸,如新汶孙村煤矿开采深度达到了 1 500 m,磁西煤矿开采深度也达到了 1 300 多米,该种布置方式对于转变主井提升运输方式提供了创新思路。"之"字形主斜井剖面图见图 3-9。

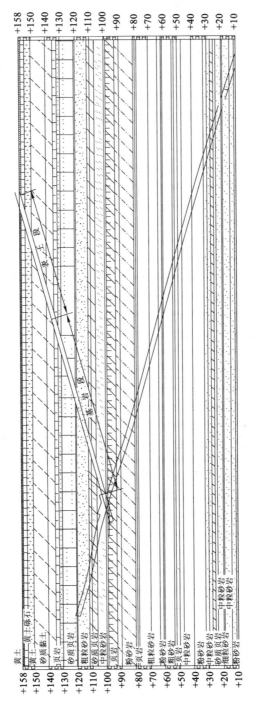

图3-6 "之"字形主斜井剖面图

（2）主斜井"之"字形搭接硐室设计

主斜井"之"字形搭接硐室设计见图 3-10～图 3-13。

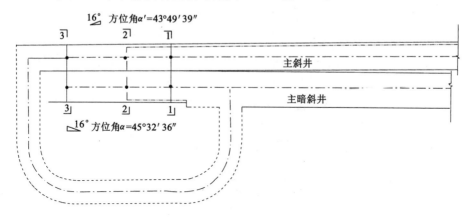

图 3-10　"之"字形主斜井剖面图

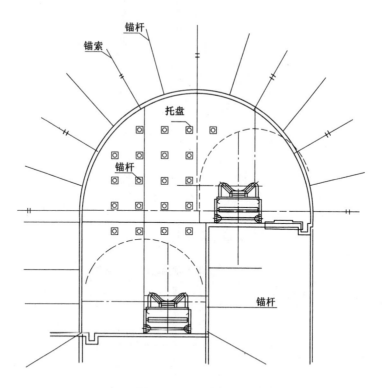

图 3-11　1—1 断面

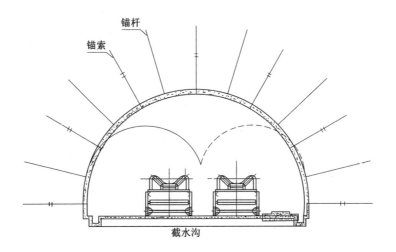

图 3-12   2—2 断面

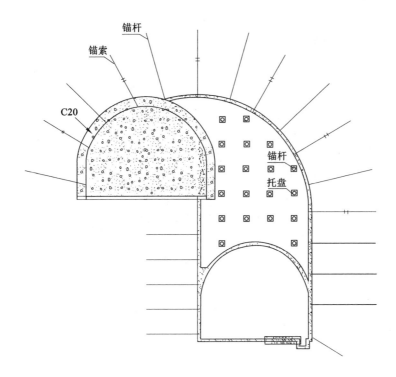

图 3-13   3—3 断面

主暗斜井方位角 $\alpha=45°32'36''$,主斜井方位角 $\alpha'=43°49'39''$,因此设计二者基本呈近似水平布置,且倾角均为16°。主斜井与主暗斜井由3—3断面至1—1断面过渡过程中,主斜井由在主暗斜井的右上方0.5 m,到2—2断面时二者为水平相邻呈现交叉点形态,到3—3断面时为主斜井在主暗斜井的左下方1.41 m。主、暗斜井断面均为直墙半圆拱形,搭接硐室基本为拱形,其中1—1断面宽×高为7.4 m×7.8 m,2—2断面宽×高为7.4 m×3.7 m,3—3断面宽×高为7.4 m×7.8 m。

主斜井和主暗斜井等标高处设置横向截水沟(见图3-14),截水沟及其他水沟规格为200 mm×250 mm,采用C20混凝土浇筑,铺底和壁厚为100 mm。搭接硐室采用C20混凝土铺底,铺底厚度100 mm,铺底要与带式输送机基础同时施工。搭接硐室铺设18 kg/m钢轨,预埋钢筋混凝土轨枕,轨枕间距700 mm;台阶宽度600 mm,布置在轨道中间。施工搭接硐室前在主暗斜井上方打好密闭,密闭采用C20混凝土浇筑,墙厚500 mm,掏槽深度300 mm。

3.2.5 "之"字形主斜井工程量

(1)井巷工程量

① 主斜井长210.526 m,为直墙半圆拱断面,规格3.6 m×3.0 m。其中,主斜井表土段长度88.129 m,支护厚度400 mm;基岩段长度122.397 m,喷射混凝土厚度为100 mm。

② 主暗斜井贯通段长度30 m,为直墙半圆拱断面,规格3.6 m×3.0 m。

③ 主暗斜井机头硐室工程长度30 m,锚喷支护,规格4.7 m×3.55 m。

④ 带式输送机搭接硐室工程长度16 m,宽度7.4 m,平均净高5.85 m。

⑤ 配电硐室及通路工程长度50.5 m,规格3.0 m×2.7 m。

⑥ 主斜井躲避硐每40 m一个,规格1.2 m×1.8 m×0.7 m。

⑦ 主斜井、暗斜井设台阶和水沟,其中水沟规格0.2 m×0.25 m,采用C20混凝土浇筑,铺底和壁厚为100 mm。

(2)明槽开挖工程

明槽开挖段长度21 m,开挖深度0~6 m,明槽的放坡坡度不小于1:1。明槽开挖段土石方量1 000 m³。

(3)安装工程

① 主斜井及地面皮带走廊选用1部DTL100/45/280型带式输送机,单机功率280 kW、带宽1 m。

② 主暗斜井选用 1 部 DTL100/45/200 型带式输送机,单机功率 200 kW、带宽 1 m。

③ 更换筛分楼内螺旋筛,增加简易跳汰选煤系统。螺旋筛由 SL-U/2-A 型更换为 SL-U2/2.5-A 型。增加 1 台 8 m² 跳汰机及其附属设备(罗茨风机、风包、斗式提升机和水泵等)。

④ 主斜井、主暗斜井内安装通信、动力电缆等。

(4)供配电工程

① 选煤系统电源引自主井区生产系统原有 6/0.38 kV 配电室。

② 地面 6 kV 配电室:设置 2 台 KYGC-Z 高压配电柜、4 台 TJJ 低压成套配电装置,安装 2 台 SG(B)11-800/6/0.66 kV 干式变压器、1 台矿用隔爆型低压变频器。

③ 主暗斜井带式输送机配电点:安装 3 台 KJZ 型矿用隔爆真空馈电开关,1 台 ZBZ 型矿用隔爆照明综保,1 台矿用隔爆型低压变频器。

(5)土建工程

地面主要建筑物改造包括新建井口房、改建配电室、改建筛分楼,新建地面皮带走廊、跳汰选煤系统设施等。

① 井口房:钢框架结构,长 8 m、宽 6 m、高 4.5 m。外围护采用彩钢板,基础采用钢筋混凝土独立基础。

② 配电室:利用原有建筑改建,中间加一道长 13.5 m 的隔墙,原木屋顶拆除改做现浇屋面板,更换所有门窗。

③ 筛分楼:三层钢框架结构,长 5.2 m、宽 5 m,一层高 3 m,二层高 5 m,三层高 3.5 m。基础采用钢筋混凝土条形基础。其中二层布置螺旋筛以及给煤机,三层布置上煤输送机机头。拆除原有的螺旋筛基础及围护结构,拆除砖混结构建筑 118 m³,拆除混凝土基础 30 m³。

④ 皮带走廊:1 号皮带走廊,长 37 m,最高端 5 m;2 号皮带走廊,长 60 m,倾角 1°,最低端 5 m,最高端 8 m。钢筋混凝土皮带走廊,断面宽 2.25 m、高 2.2 m,240 mm 厚砖墙围护。钢筋混凝土支架间距 7.5 m,支架采用钢筋混凝土结构。

⑤ 新建跳汰选煤楼:二层钢筋混凝土框架结构,长 12 m、宽 5 m、高 10 m,基础采用钢筋混凝土独立基础。

⑥ 新建斗提机平台:钢筋混凝土结构,长 3.5 m、宽 3.5 m、高 8 m。

⑦ 新建沉淀池:钢筋混凝土水池,长 20 m、宽 6 m、深 2 m,壁厚 250 mm。

水池中间布置一道长 20 m 的钢筋混凝土纵墙。

3.3　"之"字形主斜井施工中几个关键问题

3.3.1　富水松散地层堵水问题

（1）主斜井地面设施、建筑物复杂,治理方案选择受场地因素限制严重。主斜井地面场地布置有锚杆厂厂房两处和设备仓库一处,因此在进行地面堵水治理工程时受到场地及锚杆生产的影响,注浆孔的布置及施工需要优化。

（2）含水层涌水量大。含水层实际揭露为 3 层,其中最下一层含水层的涌水较大,最大涌水量达 138 m³/h,为目前峰峰矿区揭露的第四系最大涌水量含水层。含水层由卵石、河沙及黏土组成,上下岩层为（潮湿的）黄土。由于涌水量大,巷道揭露含水层或通过导水通道导通含水层时易发生坍塌,无法顶水作业。

（3）易形成流砂层,导致岩层坍塌,威胁地面建筑物安全。黏土层砂质含量大,遇水易形成流砂,发生溃水、溃砂,短时间成巷困难,易造成地面塌陷、建筑物倾斜。

（4）掘进工作面空间有限,强排水措施难。由于涌水量大,需大排量或多台排水设施同时安设,但工作面断面仅 13.6 m²（混凝土浇筑前巷道规格:宽×高＝4 m×3.4 m）,导致最多只能安设四台潜水泵,造成排水管理难度大。

（6）第四系黄土层中施工钻孔固管难度大。现场在富水松散地层中施工注浆钻孔极易出现塌孔、卡钻等现象,使得钻孔、安装注浆管、固管难度增大。

（7）注浆孔较浅,注浆终压难以控制,处理跑浆难度大。峰峰矿区以往的经验是水泥浆液很难注入黄土地层中,同时因黄土地层比较松软,其中的孔洞、缝隙较多且具有随机性,造成跑浆、漏浆现象较严重。

3.3.2　松散地层主斜井支护问题

羊东矿主斜井区域第四系表土层厚度 18～24 m,实际揭露厚度 19 m。由于黄土天然黏结性较差,同时表土层中有 3 层含水层,土层强度较低,开挖扰动后自稳能力差,具有明显的松散特性,斜井开挖后土体容易顺着节理胀松或剪断,出现片帮和顶部塌方等事故。同时,主斜井所处岩层为角度不整合上下岩土层,岩层成岩胶结程度低,裂隙、导水通道发育,砂土层遇水易形成流砂,斜井掘进过程中,岩层原始应力场受开挖扰动,应力重新分布,岩土体中发育导水裂缝形成导水通道,在地表潜水作用下,遇水易发生顶板抽冒事故,且巷道掘进至含水饱和黏土层及砾石层时,遇水易于坍塌,巷道支护困难。因此,主斜井支护设计必须充分考虑地下水和岩土体松软的特性。

3.3.3 主斜井与主暗斜井搭接大断面硐室支护问题

近年来,随着煤矿开采强度及装备水平的提高,大断面硐室施工工程越来越多,该类硐室的稳定性成为研究的重点。羊东矿"之"字形主斜井设计中的主斜井与主暗斜井搭接硐室断面最大处净断面达到了宽×高为 7.4 m×7.8 m (3—3 断面);同时硐室围岩为砂质页岩,遇水极易崩解,岩体自身承载能力较差;另外该部位为主斜井与主暗斜井交叉位置,应力环境复杂,应力扰动引起的围岩中应力集中叠加,增加了硐室的支护难度。因此,羊东矿"之"字形主斜井与主暗斜井搭接的大断面硐室围岩易出现大变形,造成支护困难。交叉断面见图 3-14。

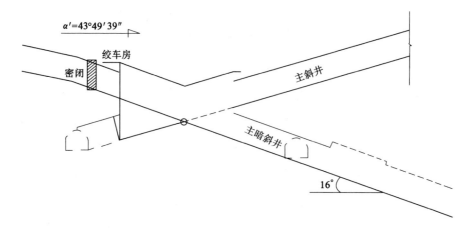

图 3-14 主斜井与主暗斜井交叉断面图

4 富水松散地层主斜井"四维" 注浆隔水技术

1976 年羊东矿施工主斜井时,地层中涌水量接近 150 m³/h,因涌水较大,当时注浆技术达不到保证主斜井安全施工的要求而被迫停止施工。本项目创新性地设计了"之"字形主斜井,使主斜井工程尽量远离水源方向,并通过调研国内外注浆技术,提出了四维注浆隔水技术,隔水效果显著。

4.1 富水松散地层常见注浆技术

4.1.1 帷幕注浆技术

帷幕注浆是通过在地面钻地质探孔和注浆孔,再向孔内压注水泥或水泥-水玻璃等浆液,这些浆液在较高压力作用下渗入土体孔隙中,将其中的孔隙水强行排出,浆液在较短的时间内固化凝结并填充土颗料间的空隙,从而降低土体渗透性,并提高土体强度。通过添加固化材料,能够控制浆液凝结时间、填充性能和固结后的强度。此外,掺有水玻璃的浆液具有很好的可灌性,适用于多种地层的防渗工程。这些浆液同岩土体一起固结成一个整体,形成一个密封式的帷幕,起到了防止流砂及渗水的作用。该注浆方法具有以下优点:① 在砂层和风化基岩层均可取得较好的止水效果;② 在砂层和砂性土层可取得加固土体的作用;③ 对地下水和环境无污染。帷幕注浆原理见图 4-1。

帷幕注浆在我国矿山应用较多,如蔡园煤矿副井井筒帷幕注浆工程,通过帷幕注浆不仅使副井井筒周围的松散沙土得到充填密实,同时抬升地层,使井壁的整体强度得以加强,注浆范围内做到无明显出水点,说明效果非常好。

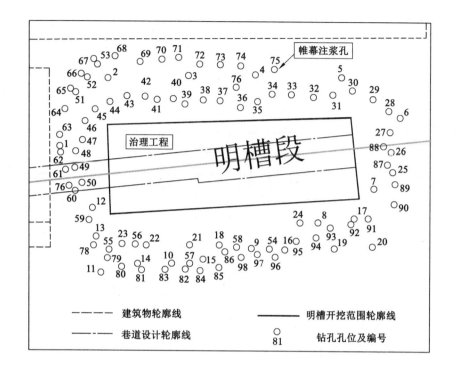

图 4-1　帷幕注浆原理示意图

帷幕注浆在隧道治理水害方面也应用较多,如浏阳河隧道工程,矿山法隧道段在河床下最小覆盖厚度为 14 m,最大覆盖厚度位于浏阳河北岸堤坝处。采用暗挖隧道注浆,每循环全断面超前预注浆纵向长度为 30 m,开挖 25 m,预留 5 m 作为下一循环的止浆岩盘,注浆加固范围为开挖工作面及隧道轮廓线外 5 m。现场监测结果表明该方法保证了隧道顺利通过浏阳河。

4.1.2　地下工程壁后注浆

我国的地铁、隧道等工程常常经过富水地层,很多工程应用壁后注浆处理地下工程漏水、渗水的问题,如隧道工程壁后注浆。隧道盾构法的壁后注浆是在盾构掘进的同时,通过注浆泵的压送作用,将浆液灌注入盾尾的管片环外间隙之中,达到填充管片环外空隙、固定管片位置、减少地面沉降、充当环外第一道防水线的目的,并确保管片衬砌早期和后期的稳定性。注浆方式因地质条件和盾构形式的不同而存在差异,对于稳定性较好的地层,由于土体比较稳定,可以保持较长时间,但对于稳定性较差的地层,在脱离盾尾后短时间内就会发生一定程度的坍塌,甚至造成较大的地面沉降,并影响管片的防水效果,可见注浆方式的选择十分重要。壁后注浆需要控制的参数包括注浆量、注浆压力和注浆速度。注浆量的大小会直接影响地面和周边环境的隆沉变形,目前施工时一般根据经验来控制,以降低其对周边环境的影响。实践表明,注浆压力一般控制在静水压力的2倍,此条件下注浆对周围土层只是填充而不是劈裂,能使注浆达到理想的效果。施工时,掘进推进速度、注浆量、浆液初凝时间等因素决定并影响着注浆的速度,合理控制注浆速度可以有效地减小盾构推进时地面的变形,保护周边环境。目前,国内外对壁后注浆技术的研究主要集中在注浆材料配比的优化、壁后注浆施工工艺革新、注浆压力和注浆量对周边环境影响的评价、注浆效果的检测等方面。

壁后注浆能减小支护与围岩之间的空隙,确保支护结构与围岩紧密接触,尽快支撑围岩,限制围岩变形,同时提高地下工程的防水性能。壁后注浆扩散的过程如图4-2所示。

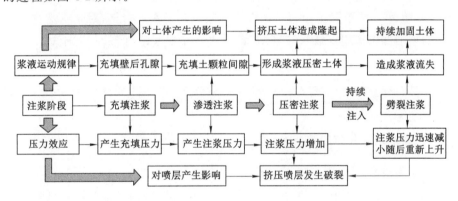

图 4-2　壁后注浆扩散过程示意

淮北矿业集团某新建矿井主井井筒直径 5.0 m,设计井深 598.5 m。井深 301 m 以上采用钻井法施工,井壁为预制钢筋混凝土,井深 195.3~301 m,井壁厚度为 0.5 m,其后置换空腔 0.5 m。其中基岩 296~301 m 段进行了地面预注浆,301 m 以下采用普通法施工。按钻井法工序施工中,在井筒锅底开挖后出现涌水,水量从最初的 8 m³/h 到后期的 53 m³/h。其出水部位在井壁后与岩石的接触部位,后期伴有泥沙,含沙量 3%~4%。经水质分析认为该水源为井筒第四系含水层,其突水通道主要为壁后局部泥浆置换充填不完全,水泥未完全充填密实,导致松散层水沿壁后空隙流入井下;其次是该段处于基岩风化带范围、伴有破碎带,裂隙将水导入井下。现场确定采用静水抛渣注浆封水,再进行壁后注浆充填截水。抛渣注浆段完成 12 m,止水垫顶面深度为 287 m,注入水泥 160 t,抛渣注浆封底养护 8 d 后进行试排水,以及壁后充填截水注浆施工,封堵壁后出水通道。经过壁后注浆,井壁整体强度比注浆前提高了 1.4 倍以上,有效治理了井筒水害问题。

再如,胡家河矿副立井采用全深冻结凿井法施工,冻结期结束后,井壁淋水量逐渐增大,涌水量达 75 m³/h。注浆堵水方法选择高低压结合、深浅孔并用、双液浆注浆堵水,第一注浆段采用上行式壁后充填注浆,第二注浆段采用下行式壁后充填注浆。每个阶段分别按三个单元工程来实施:① 第一单元工程为分段隔离注浆,采用水泥浆-水玻璃双液浆孔口混合注浆法,在预定部位做封闭隔离圈,将动态水变为静态水,最大限度地阻断壁后涌水通道和减缓壁后涌水流速;② 第二个单元工程为壁后充填注浆,采取单液浆注浆和双液浆注浆相结合,充填隔离段内壁后松动圈和围岩裂隙,最大限度地封堵涌水,以达到注浆堵水的目的;③ 第三个单元工程为井壁施工缝和残余涌水点封堵,对于仍然有大量涌水的个别部位采用双液浆注浆,直至涌水点流出浆液并凝固,对于施工缝和残余小量涌水点采用单液浆注浆。通过合理安排注浆段和注浆顺序、不同含水层采取合适的注浆参数,采用分段注浆堵水治理,涌水量从堵水前的 75 m³/h 减小到 2 m³/h 以内,有效控制了副井涌水较大的问题。

4.1.3 富水地层井筒冻结技术

冻结法凿井技术于 1883 年起源于德国,此后在世界各地得到了普遍应用。自 1955 年在开滦林西煤矿风井井筒首次成功应用以来,冻结法凿井已经成为我国矿井井筒穿过不稳定冲积地层凿井的主要特殊施工方法。多年来工程技术人员依靠科技进步不断攻关研发和工程实践,不断解决技术难题,不断提高技术水平,积累了丰富经验,使冻结法凿井技术与装备不断成熟和发展,冻结深度逐步加大。据不完全统计,已有近 700 个井筒采用冻结法凿井技术施工。2005 年采用冻结法凿井技术施工建成的巨野矿区龙固矿井副井井筒是我国第一个穿过不稳定冲积地层厚度超过 500 m(达 567.7 m)、冻结深度超过 600 m(达 650 m)的井筒,它的顺利建设在我国建井史上具有里程碑式的重要意义,为我国在深厚不稳定冲积层中建井提供了坚实的理论基础和实践经验;2013 年建成的龙固矿井北风井井筒穿过的不稳定冲积层厚度达到 674.5 m,冻结深度为

730 m,是世界上第一个穿过不稳定冲积层超过 600 m 的井筒。表 4-1 所列为国内部分深厚含水表土层冻结法施工井筒。

表 4-1 国内部分深厚含水表土层冻结法施工井筒

矿井名称	井筒直径/m	冻结深度/m	表土厚度/m
龙固矿副井	7.0	650	567.70
丁集矿主井	7.5	570	530.45
丁集矿副井	8.0	570	525.25
郭屯矿主井	5.0	702	587.40
郭屯矿副井	6.5	702	583.10
赵固一矿副井	6.8	575	522.00
赵固二矿副井	6.9	628	527.50
口孜东矿主井	7.5	737	568.45
口孜东矿副井	8.0	617	571.90
李粮店矿副井	6.5	800	539.00
陈蛮庄风井	5.5	644	572.45
龙固矿北风井	6.0	730	674.5

但是,冻结法进行注浆堵水需要的冻结费用很高,另外工程还必须进行配套的注浆,否则难以保证顺利完工及后期正常使用。

4.2 羊东矿富水松散地层主斜井四维注浆隔水技术

羊东矿主斜井工程穿过的第四系表土含有 3 层含水层,具有流砂层的特征,必须采用综合的治理地下水技术,方能保证主斜井工程的安全施工。为此,通过综合分析主斜井工程区域水文地质条件、主斜井设计方案,提出了主斜井工程四维注浆隔水技术及配套注浆技术。

4.2.1 主斜井治水方案选择

2015 年 10 月 28 日,羊东矿邀请行业相关专家就其主斜井水害治理进行了探讨,提出 5 种治理方案:冷冻法、注化学浆法、深井降水法、旋喷法、帷幕注浆法。对这 5 种方法应用的分析如下。

(1)冷冻法。关于类似羊东矿主斜井这种特殊掘进工程,采用冷冻法进行治理的共有过 4 个案例,但成功率仅为 50%,且前期准备工作时间长、费用高。羊东矿若采用冷冻法进行冻结堵水,需耗资 700 万元,一次投入资金较大。

(2)注化学浆法,即主斜井迎头施工注浆孔超前注化学浆。但是这种方法单循环施工工序烦琐,每循环注浆都要首先施工止浆垫,同时注浆后不能保证化学浆能与含水黏土及风化页岩充分黏结,存在施工安全隐患;并且羊东矿主斜井施工段含水层多,含水层涌水量大,化学浆遇水容易流失,注浆范围不容易控制,注浆量大,费用很高。

(3)深井降水法。采用这种方法有 3 个缺点:其一,含水层由卵石、河沙及黄土组成,含水层内潜水流动性较强,携带河沙、黄土到降水井内,易造成埋泵;其二,巷道掘进后围岩应力重新分布,围岩裂隙增多产生导水通道,会改变降水井的水流方向,截断水流导入巷道;其三,降水井施工完毕后,巷道掘进期间的降水井排水不能间断,后期管理难度大。

(4)旋喷法。受注层段为卵石层及黄土层,潜水为动水,采用高压设备注浆时,流水会带走水泥浆液,注浆量大;岩性松散,埋深浅,容易造成地面跑浆及地表建筑物侧斜等问题。

(5)帷幕注浆法。采取地面施工钻孔进行注浆,将巷道与含水层进行帷幕隔离,注浆结束后进行井下钻探验证,可避免安全事故的发生,治理成本较低,但施工工期较长。

通过对比分析上述 5 种方案,并结合羊东矿主斜井地质、水文条件及场地条件进行对比,决定采用帷幕注浆法治理主斜井涌水。

4.2.2　主斜井工程四维注浆隔水技术框架

(1)四维注浆隔水技术组成

① 地面帷幕注浆技术

按设计施工顺序,主斜井首先在地面实施明槽开挖,受表土层地下水的影响,必须对明槽开挖工程附近实施帷幕注浆,否则主斜井明槽段无法正常施工。通过前期的调研,并结合羊东矿现场地质条件,认为采用帷幕注浆是最优方案,由此,提出了主斜井地面帷幕注浆技术,在时序上地面帷幕注浆为第一道堵水工序,空间上为最上层堵水空间。

技术要点:根据主斜井设计方案,注浆钻孔在巷道轮廓线外围 2 m 处按间距 5 m 施工水泥注浆孔,孔径 133 mm,初期开孔深度 12 m,后下入长度不少于 7 m、孔径 108 mm 的孔口管。然后利用 32.5 级普通硅酸盐水泥进行固管,凝固 24 h 后进行扫孔试压,达到 2 MPa 时开始扫孔至含水目标层进行注浆。在该目标层注浆阻力达到 5 MPa 时视为合格,重新扫孔至另一个目标含水层,再开始进行注浆,直至表土层中及其下方 3 m 范围内的各个含水层注浆合格。待间距 5 m 的注浆孔全部施工完毕,再在孔间进行插孔加密注浆,直至巷道施工范围内形成一个由注浆水泥筑成的挡墙,将地表水隔绝在施工巷道外,保证巷道的正常施工。见图 4-3。

② 井下主斜井掘进头超前预注浆技术

主斜井暗槽段及基岩段施工时,同样面临地层松软,岩层中地下水较发育的问题。由此,提出了掘进头超前预注浆技术。在时序上超前预注浆为第二道堵水工序,空间上为原位层驱散水空间。见图 4-4。

技术要点:在主斜井掘进迎头布置钻孔,实施超前主斜井迎头 8~12 m 范围内注浆。注浆后,保证能够向前掘进 5~9 m,留设 3 m 左右安全掘进距离。每循环现场向前注浆的距离根据迎头涌水量及前探孔中涌水情况而定,当涌水量不大,可以使注浆范围大些,否则小些。

③ 主斜井滞后壁后注浆技术

主斜井工程所处的富水地层环境决定了该工程将长期受到地下水的威胁,因此为了保证主斜井在服役期间能够安全、稳定,提出了主斜井掘进支护后滞后掘进头实施壁后注浆技术。在时序上滞后壁后注浆为第三道堵水工序,空间上为原位层围岩强化,形成彻底隔水空间。

技术要点:主斜井掘进头前方支护工序完成后,滞后掘进头 15~20 m 实施壁后注浆,要进行全断面注浆,使主斜井围岩形成一定厚度的强化层,岩层内的导水裂隙得到填充,围岩形成整体,大大提高围岩自承能力。

(2) 四维注浆隔水技术实施流程

首先,在主斜井明槽开挖前在地面实施帷幕注浆,切断表土层中 3 层含水层的水源补给,在明槽开挖工程外建立一层隔水闸墙;二是主斜井剩余表土段施工前的地面帷幕注浆,保证该段主斜井及地面锚杆厂和设备仓库稳定;三是主斜井暗挖阶段掘进头超前预注浆;四是主斜井掘进支护完成后,滞后掘进头 10~20 m 进行壁后注浆。四维注浆时空关系见图 4-5。

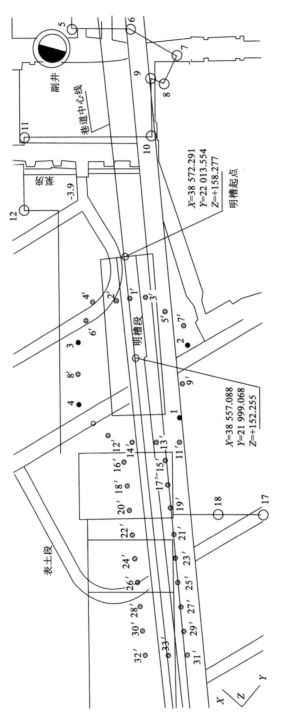

图4-3　前期帷幕注浆设计

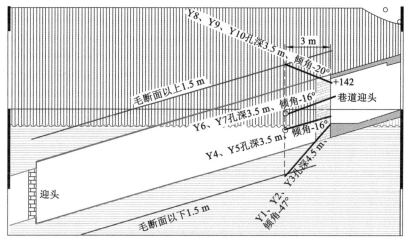

（a）短钻孔超前注浆

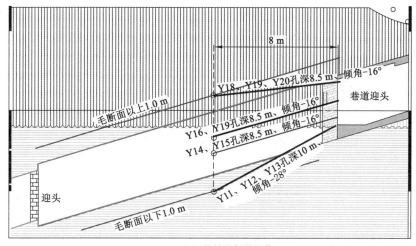

（b）长钻孔超前注浆

图 4-4 超前预注浆设计

4.2.3 地面帷幕注浆方案及实践

（1）明槽开挖帷幕注浆方案

明槽起点坐标：$X=38\ 572.291$ m、$Y=22\ 013.554$ m、$Z=+158.277$ m，明槽末点坐标：$X=38\ 557.088$ m、$Y=21\ 999.068$ m、$Z=+152.255$ m。明槽段开挖长度 21 m，开挖深度 6 m。根据明槽工程量及场地水文地质条件，设计了

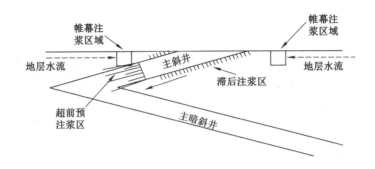

图 4-5　四维注浆隔水时空关系

以下地面帷幕注浆方案。

　　① 钻孔布置:钻孔设计原则上均为垂直孔,钻孔布置以主斜井方向近似平行成排布置,共布置 4 排,排距为 1 m 或 2 m。钻孔以梅花网格式进行布孔,即主斜井中线布置一排,以巷中至两侧平移 2 m 各布置一排,再在主斜井西侧距斜井中线 3 m 布置一排(经观测,地表潜水为自西向东流向),见图 4-6。

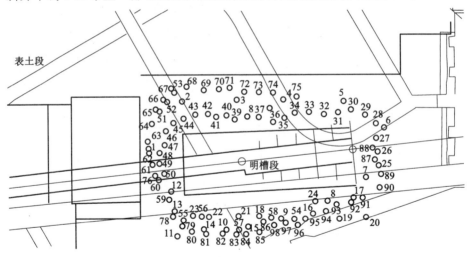

图 4-6　地面帷幕注浆钻孔布置图

　　② 单个孔布置原则:根据主斜井设计位置,确定注浆孔的深度,以截断主斜井周边含水层水源,确定钻孔参数,钻孔孔间距以设计巷道距地面铅垂距离进行确定。当铅垂距离大于 16 m 时,孔间距为 4 m,孔口管(规格:外径×壁厚＝108 mm×8 mm,下同)下至设计巷道顶板以上 3 m 位置,钻孔施工至巷道底板以下 5 m 位置(沉淀段);当铅垂距离小于 16 m 时,孔间距为 2 m(施工资料证

实:在表土层能施工钻孔,孔口管长度小于 13 m 时,即在第三层含水层以上时,钻孔固管效果不好,易地面跑浆),孔口管下至设计巷道顶板、巷中、底板位置,呈均匀布置,钻孔孔深施工至巷道底板以下 5 m 位置(沉淀段)。

③ 钻孔结构:钻孔采用 150 mm 孔径开孔至设计位置,下入与设计相符的孔口管(可与花管相结合),随之水泥固管,待凝固后采用 89 mm 孔径钻进至设计孔深,进行钻孔注浆。

注浆钻孔剖面图见图 4-7,设计地面帷幕注浆钻孔参数见表 4-2。

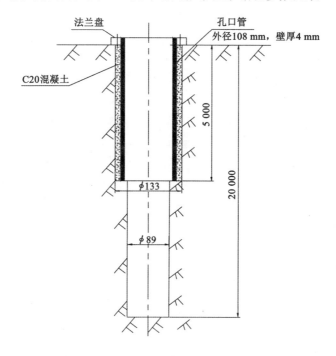

图 4-7　注浆钻孔剖面图

表 4-2　设计地面帷幕注浆钻孔参数

钻孔编号 (外 1-54)	孔口管长 /m	设计孔深大 /m	钻孔编号 (里 1-52)	孔口管长 /m	设计孔深 /m
1	16.0	24.5	1 号	27.3	38.8
2	18.6	24.0	2 号	26.4	37.9
3	16.5	23.2	3 号	25.3	36.8
4	14.3	22.6	4 号	24.1	35.6

表 4-2(续)

钻孔编号 (外 1-54)	孔口管长 /m	设计孔深大 /m	钻孔编号 (里 1-52)	孔口管 /m	设计孔深 /m
5	17.0	22.0	5 号	23.6	35.1
6	14.7	21.5	6 号	23.0	34.5
7	12.5	21.0	7 号	22.4	33.9
8	15.2	20.4	8 号	21.8	33.3
9	13.0	19.8	9 号	20.7	32.2
10	10.8	19.2	10 号	19.5	31.0
11	13.0	18.5	11 号	18.4	29.9
12	10.9	17.7	12 号	17.2	28.7
13	8.5	16.8	13 号	16.0	27.5
14	10.8	16.0	14 号	14.9	26.4
15	17.3	24.1	15 号	13.8	25.3
16	15.2	23.5	16 号	27.0	38.5
17	17.8	23.0	17 号	25.9	37.4
18	15.6	22.4	18 号	24.7	36.2
19	13.5	21.8	19 号	23.6	35.1
20	16.0	21.2	20 号	22.4	33.9
21	13.9	20.7	21 号	21.3	32.8
22	11.7	20.0	22 号	20.1	31.6
23	14.3	19.5	23 号	19.0	30.5
24	12.1	18.9	24 号	17.8	29.3
25	9.7	18.0	25 号	16.6	28.1
26	12.0	17.2	26 号	15.5	27.0
27	9.6	16.4	27 号	14.4	25.9
28	8.8	15.5	28 号	13.2	24.7
29	16.0	24.5	29 号	26.4	37.9
30	18.6	24.0	30 号	25.3	36.8
31	16.5	23.2	31 号	24.1	35.6
32	14.3	22.6	32 号	23.0	34.5
33	17.0	22.0	33 号	21.8	33.3
34	14.7	21.5	34 号	20.7	32.2

表 4-2(续)

钻孔编号 (外 1-54)	孔口管长 /m	设计孔深大 /m	钻孔编号 (里 1-52)	孔口管 /m	设计孔深 /m
35	12.5	21.0	35 号	19.5	31.0
36	15.2	20.4	36 号	18.4	29.9
37	13.0	19.8	37 号	17.2	28.7
38	10.8	19.2	38 号	16.0	27.5
39	13.0	18.5	39 号	14.9	26.4
40	13.2	24.7	40 号	13.8	25.3
41	17.3	24.1	41 号	27.0	38.5
42	15.2	23.5	42 号	25.9	37.4
43	17.8	23.0	43 号	24.7	36.2
44	15.6	22.4	44 号	23.6	35.1
45	13.5	21.8	45 号	22.4	33.9
46	16.0	21.2	46 号	21.3	32.8
47	13.9	20.7	47 号	20.1	31.6
48	11.7	20.0	48 号	19.0	30.5
49	14.3	19.5	49 号	17.8	29.3
50	12.1	18.9	50 号	16.6	28.1
51	9.7	18.0	51 号	15.5	27.0
52	12.0	17.2	52 号	14.4	25.9
53	9.6	16.4			
54	8.8	15.5			

④ 重点布孔:对井下验证钻孔涌水量较大区段进行重点布孔,单钻孔布置间距为 1~2 m。

⑤ 斜井穿含水层:当巷道施工穿过某一含水层后,根据巷道掘进施工情况在巷道两侧施工封堵后路水源注浆钻孔,切断后路水源通道,避免后路流水长期冲刷,造成巷道两侧地应力失去平衡,导致巷道变形。

⑥ 单孔施工程序:钻孔开孔采用 133 mm 或 150 mm 孔径钻进至设计孔深,下入管径为 108 mm 孔口管进行水泥固管;水泥固管 48 h 后,采用 75 mm 孔径钻进至终孔位置。

⑦ 注浆设计要点:

a. 钻孔施工完毕后,对钻孔进行反复自压水冲孔,以钻孔内水变清为原则,冲孔完毕后立即接通注浆管路对钻孔进行注浆。

b. 钻孔施工完毕后,注浆采用水灰比为 2：1～3：1 的浆液对钻孔进行注浆,确保注浆终压不小于 5 MPa,稳压时间必须大于 30 min。

c. 根据钻孔吃浆量、窜浆、跑浆情况对钻孔进行二次(多次)扫孔注浆。

d. 钻孔注浆原则上采用单孔单注,可根据窜浆情况进行多孔同时注浆。

e. 检验孔施工。钻孔注浆施工采用先广后小原则,即跳跃式进行注浆,再在中间施工注浆孔作为检验孔,根据检验孔吃浆、上压情况再局部进行钻孔施工调整。

⑧ 钻孔施工顺序:钻孔注浆采用先疏后密的原则进行施工,先对间距较远的钻孔进行注浆,间距控制在 10 m 或以上,再进行内插钻孔注浆。内插钻孔既可对前期注浆钻孔注浆效果进行验证,也避免了因钻孔间距近发生窜浆、跑浆。

(2) 主斜井暗挖表土段地面帷幕注浆

在该阶段的地面帷幕注浆钻孔布置原则:在主斜井投影的平面图两侧 1～2 m 范围内仍然按明槽开挖段的帷幕注浆方法治理地表水,使主斜井周围形成隔水带,为主斜井施工创造条件。如图 4-8 所示,图中 15～34 号孔为主斜井暗挖表土段地面帷幕注浆钻孔布置,共计 20 个钻孔。图 4-9 为 13、22、33 号钻孔的

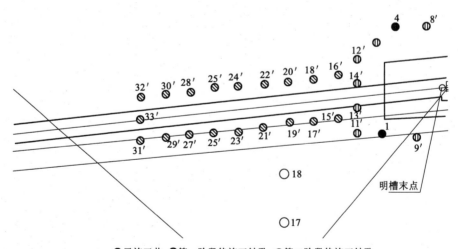

图 4-8　主斜井暗挖表土段地面帷幕注浆钻孔布置

剖面图,要求所有钻孔均要打到基岩中,主斜井在上述 3 个钻孔位置距离地表的距离分别为 8.5 m、13.7 m、21.1 m,且该部分地面为设备仓库、两个锚杆厂厂房。

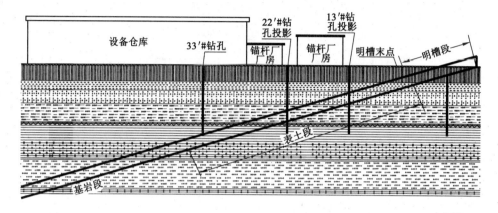

图 4-9　部分钻孔与主斜井空间位置剖面图

(3) 地面帷幕注浆实践

此次注浆,自 2015 年 2 月 15 开始,至 2015 年 5 月 15 日结束,共计 3 个月,完成了帷幕注浆。通过注浆,明槽开挖段的涌水量由原来的 50 m³/h 逐渐减少至 6 m³/h,堵水效果明显。

① 施工了 4 个涌水量探测井。

4 个涌水量探测井是为探测地表水及含水层涌水量而设计。当涌水量不大时,采取巷道外围抽水降水措施,其余钻孔仍然按涌水量探测井一样进行施工,当涌水量较大时,采取主斜井外围注浆隔绝涌水的措施,保证施工安全。

涌水量探测井共计 4 个,平面布置如图 4-10 所示。每个探测井的施工要求:钻孔直径 600 mm,深度 24 m;下入外径 273 mm、壁厚 5 mm 的钢制滤水管,长度 24 m,钢管之间采用焊接相连;下入潜水泵,进行排水试验,监测其涌水量。当 4 个探测井涌水量合计大于 60 m³/h 时,其余孔按注浆孔工艺进行施工;当 4 个探测井涌水量合计小于 60 m³/h 时,其余孔仍按探测井施工。图 4-11 为探测井钻孔示意图,图 4-12 所示为探测井现场。

② 明槽段施工了 98 个注浆钻孔。

每个钻孔的施工要求:

a. 按直径 133 mm 开孔,深度 5～24 m。

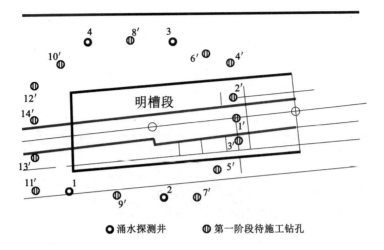

◎ 涌水探测井　　Ⅲ 第一阶段待施工钻孔

图 4-10　探测井平面布置图

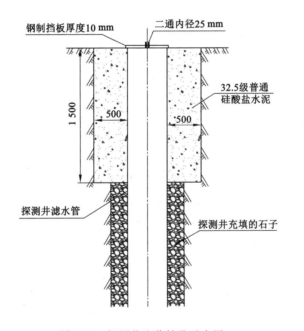

图 4-11　探测井注浆钻孔示意图

b. 下入外径 108 mm 的孔口管,管壁外用 32.2 级普通硅酸盐水泥进行固管。孔口管壁厚 6 mm,管间采用丝扣相连。最上端孔口管上焊法兰盘。24 h后进行试压,试压压力为 2 MPa,稳压时间不少于 15 min。

图 4-12　探测井现场

c. 试压合格后,采用直径 89 mm 的钻头进行钻进,深度钻至孔深 20 m。

d. 由于 1、2、3 号孔在明槽中进行施工,各下入孔口管长度为 3 m,各个孔总深度为 18 m,开口位置位于巷道底板下 0.2 m 处,其他参数同上。

e. 钻孔完毕,采用 32.5 级普通硅酸盐水泥进行注浆,注浆压力为 2 MPa,注浆浆液水灰比为 0.8∶1(质量比)。注浆开始时,可适当使其浓度小些,后进行正常注浆。当注浆量较大,渗浆速度较快时,可增大水泥浆浓度,并且可进行间歇注浆,以控制浆液扩散范围。按地质资料分析,预计砾石、卵石厚度为 6 m,需要充填的缝隙率为 9%,其扩散半径为 3 m 左右,其注浆量为 15 t 左右。

明槽段部分钻孔注浆压力及注浆量记录结果见表 4-3。由表可知,单孔注浆量在 2～810 袋水泥不等,注浆压力 5～12 MPa,仅有部分注浆孔出现了跑浆现象,这与采取了有效的防钻孔跑浆技术有直接关系,将在 4.6 节中阐述。

表 4-3　现场部分注浆孔注浆参数统计

编号	套皮 /m	孔深 /m	注浆量 /袋水泥	压力 /MPa	编号	套皮 /m	孔深 /m	注浆量 /袋水泥	压力 /MPa
1	7.5	28	100	上压	6	8.4	27	408	12
2	7.5	27	20	8	7	7.5	27	810	管坏
3	7.5	30	335	12	8	8.5	33	278	12
4	8.5	27	428	12	9	8.5	27	114	10
5	7.5	27	420	12	10	8.5	17	138	10

表 4-3(续)

编号	套皮/m	孔深/m	注浆量/袋水泥	压力/MPa	编号	套皮/m	孔深/m	注浆量/袋水泥	压力/MPa
11	9.5	35	164	跑浆	40	5.2	18	18	8
12	8.5	27	134.5	跑浆	41	3.5	18	19	跑浆
13	8.5	28	115.5	12	42	5.2	18	15	跑浆
14	8.5	27	91	12	43	3.5	18	10	跑浆
15	8.5	17	67	8	44	5.2	18	32	5
16	8.5	15	131	8	45	5.2	21	46	5
17	8.5	15	119	10	46	5.2	21	16	跑浆
18	5.2	7	102	压力	47	5.2	21	16	8
19	5.2	15	65	10	48	5.2	23	16.5	跑浆
20	5.2	9.5	38	8	49	5.2	24	12.5	跑浆
21	5.2	15	53	10	50	5.2	12.5	9.5	跑浆
22	5.2	28	16	10	51	3.5	18	9.5	5
23	5.2	28	44	10	52	5.2	18	99	跑浆
24	5.2	10	23.5	0	53	5.2	18	75.5	8
25	5.2	15	42.5	跑浆	54	5.2	25	55	8
26	5.2	18	73	8	55	10.5	23	104.5	
27	3.5	18	13.5	跑浆	56	12	23	241	
28	3.5	18	30.5	上压	57	10.5	23	4	8
29	3.5	18	20.5	上压	58	10.5	15	50	8
30	5.2	18	34	上压	59	12	21		
31	5.2	18	48.5	跑浆	60	12	21		
32	5.2	18	35	8	61	14	23	433	8
33	5.2	18	22	8	62	10.5	23	300	8
34	5.2	18	28.5	8	63	10.5	23	194	8
35	5.2	18	16.5	4	64	10.5	23	57	8
36	5.2	18	6	8	65	10.5	23	123	8
37	5.2	18	38	8	66	3.5	18	9.5	5
38	5.2	7	2	0	67	5.2	18	99	跑浆
39	5.2	18	19	5	68	10.5	23	51	

表 4-3(续)

编号	套皮/m	孔深/m	注浆量/袋水泥	压力/MPa	编号	套皮/m	孔深/m	注浆量/袋水泥	压力/MPa
69	12	23	48	8	71	12	23	179	
70	10.5	23	138		72	10.5	23	50	

图 4-13 所示为水泥浆在土体中填充形态,由图可见,黄土中可以清晰地见到水泥浆液流动的形态,基本上呈现脉状分布,在地层表面 2~3 m 范围内水泥浆填充土层更加明显,填充厚度在 0.1~0.5 m 不等。

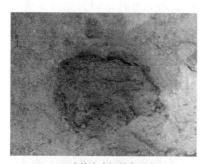

（a）土块中水泥填充形态

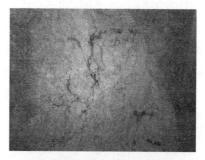

（b）主斜井掘进时迎头土体中水泥填充形态

（c）注浆钻孔

（d）地表以下1 m 土体中水泥填充形态

图 4-13 明槽地面帷幕注浆形态

为治理工作面涌水,当明槽施工完毕,在巷道迎头巷道顶部下 2 m 处打一个直径 89 mm、−16°的钻孔,深度为 40 m,孔口管及固管与地面注浆孔相同,然后进行注浆,注浆参数同上。

③ 表土段暗挖时地面帷幕注浆实践

表土段主斜井暗挖阶段,表土下挖巷道范围的注浆,即施工 15～34 号孔。注浆钻孔设计及注浆要求与明槽段帷幕注浆基本一致。图 4-14 为表土暗挖阶段地面帷幕注浆效果图,由图不难看出,表土中浅部水泥浆液填充土层的厚度较大,深部黄土中填充的厚度相对较薄;浅部浆液流动方向以横向近水平流动填充土层为主,深部土体中浆液呈现近似垂直方向流动;图 4-14(c)(d)为部分钻孔形态,可见钻孔周围土体被填充得十分密实。

（a）土块中水泥填充形态

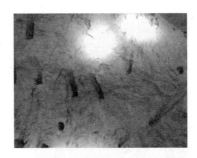

（b）主斜井掘进时迎头土体中水泥填充形态

（c）地面注浆孔

（d）地面单个注浆孔及内置套管

图 4-14　表土暗挖段地面帷幕注浆形态

4.2.4　主斜井超前预注浆方案及实践

（1）长、短孔超前预注浆方案

通过对地面帷幕注浆钻孔的施工与巷道掘进效果进行分析,发现帷幕注浆的方法不能彻底改变黄土层的力学性质,斜井掘进后,围岩中应力重新分布破坏围岩,使围岩中产生新的导水裂隙通道,容易引起斜井突水事故。

针对地表潜水埋藏浅、补给强的特点,通过注水泥浆对上部第三系、第四系表土段导水裂隙及下部二叠系上统岩层内导水裂隙进行区域性注浆改造,再利用化学浆的强渗透性及膨胀特性,通过注化学浆,封堵导水裂隙,增加黄土层的内压力,增强黄土层的力学性质,将黄土层进一步压实,辅助成巷。因此,主斜井贯通前 30 m 巷段采取注化学浆的方法进行水害治理。

注化学浆钻孔的设计方案:

① 每个循环探测距离(钻孔孔深)为不超过 10 m,采取多循环进行治理。

② 注浆四分管要求:注浆管为四分管,当钻孔施工完毕后,在里段下 4 m 花管,外段下 4 m 圆管。

③ 封孔与注浆要求:四分管下入完毕后对钻孔外段 1 m 采用棉麻及木楔进行固定、封孔,固定好后立刻进行注浆,注浆终压不得低于 3 MPa。

④ 钻孔以长、短相结合方式进行布孔。

⑤ 孔口与孔底要求:终孔位于治理范围处毛断面外扩 1～1.5 m。

⑥ 工序:施工过程分序次进行施工,先注浆,后验证。

⑦ 防塌孔措施:随打随注,防止钻孔塌孔造成废孔。

长、短孔超前预注浆钻孔布置见图 4-15 和图 4-16,注浆设备参数如表 4-4 所列。

(2)巷道贯通前 30 m 超前预注化学浆效果

第一循环,在巷道迎头 G4 点前 13.9 m 位置,共施工 31 个钻孔,注化学浆约 30 t。注浆完毕后,巷道向前掘进至 G4 点前 19.9 m。第二循环,于 2016 年 7 月 12 日,一坑主斜井暗槽(表土段)开始施工第二轮注化学浆钻孔,至 7 月 16 日,共施工 22 个注浆孔,累计注浆约 14 t,注浆结束后,继续向前掘进。掘进至 G4 点前 24.8 m 时巷道左部顶板发生抽冒垮塌,涌水量为 12 m³/h,停止掘进,巷道迎头建立止浆垫,进行第三轮注(化学)浆孔施工。第三循环,从 8 月 2 日至 8 日,共施工 55 个注浆孔,注浆 28 t;8 月 8 日夜班恢复掘进;至 8 月 14 日累计向前掘进 6.5 m,即 G4 点前 31.3 m,巷道左帮上半部有少量渗水,停掘;施工注浆孔,共施工 4 个注浆 3 m 短孔,注浆 1 t,恢复掘进;8 月 15 日掘进至 G4 点前 32.3 m 后停止掘进。第四循环,施工注浆孔,共施工 14 个注浆孔,注浆 2 t,恢复掘进。至 2016 年 8 月 25 日实现全线贯通,保证了主斜井的安全掘进,注浆后主斜井掘进头涌水量降到 3 m³/h。累计注入化学浆 75 t。主斜井超前预注化学浆范围如图 4-17 所示。主斜井掘进头水泥浆和化学浆在地层中黏结形态见图 4-18。

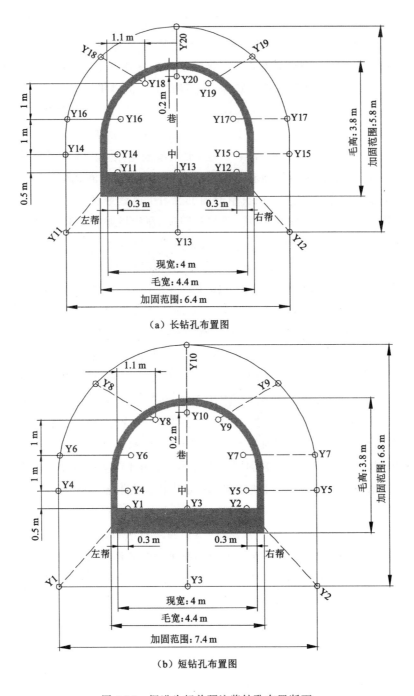

（a）长钻孔布置图

（b）短钻孔布置图

图 4-15　掘进头超前预注浆钻孔布置断面

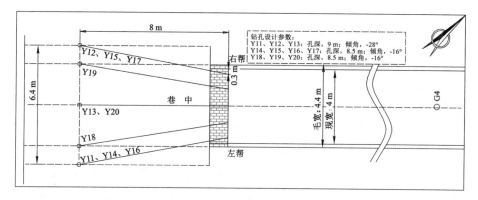

（a）长钻孔布置图

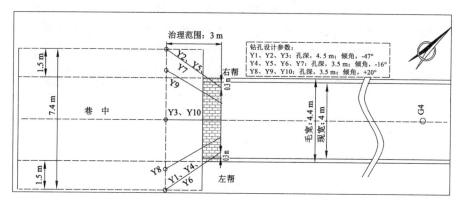

（b）短钻孔布置图

图 4-16 掘进头超前预注浆钻孔布置平面图

表 4-4 掘进头超前预注化学浆设备参数

名称	型号及主要技术参数
钻机	MQF-120 型
套管	四分管，每根长 2 m
泥浆泵	QB-12 气动高压双液注浆泵
注浆材料	凝聚-1 号

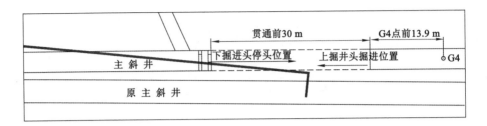

图 4-17　掘进头超前预注浆范围

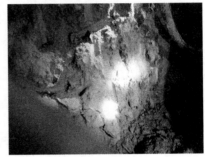

图 4-18　掘进头水泥浆和化学浆共存情况

4.2.5　主斜井滞后强化注浆方案及实践

主斜井滞后注浆对于斜井的长期稳定十分重要,因为前期的地面帷幕注浆、掘进头超前预注浆均在斜井成巷前完成,斜井开挖后围岩应力场重新分布,岩体必然会发生一定程度的破坏,产生很多裂隙,如果裂隙贯通导通地下水同样会引起斜井井壁渗水,如果导水通道连通地下水水源,那么围岩的渗水现象就会长期存在,给主斜井的安全服役带来隐患。

因此,设计在主斜井成巷以后,滞后掘进头 30~50 m 后方,实施全断面注浆。

主斜井每个断面布置 10 个注浆孔(其中底板 2 个),其中顶板和两帮孔间距 1 400 mm,底板两个注浆孔距离巷道底板中心 750 mm。每 3.2 m 布置一排钻孔,每个注浆孔的深度为 5.0 m,钻成的注浆孔孔径约为 44 mm。

顶板注浆管长 3 m,由 ϕ42 mm 无缝钢管 1.0 m 和 6′钢管 2.0 m 加工制作;两帮注浆管长 2.5 m,由 ϕ42 mm 无缝钢管 1.0 m 和 6′钢管 1.5 m 加工制作,在注浆管尾部外缠上厚度适当的棉线或麻线,以固结注浆管。

现场遗留注浆孔如图 4-19 所示,滞后注浆后主斜井岩壁情况如图 4-20 所示。

图 4-19　现场岩壁遗留注浆孔

图 4-20　注浆后主斜井岩壁情况

4.3　四维注浆隔水机理

4.3.1　帷幕注浆机理分析

（1）土体渗透注浆理论

① 土体渗透注浆理论公式

马格理论是土体渗透注浆理论的典型代表,浆液通过钻杆端部注入土体,认为浆体在地层中呈球形扩散，并给出注浆压力、注浆时间、扩散半径和注浆量之间的关系，具有普通的适用性。但马格理论假设被注介质为各向同性体，浆液在地层中呈均匀球形扩散，因此，又有很大的局限性，很难适用于复杂工程。马格公式如下：

$$t = \frac{r_1^2 \beta n}{3K \Delta h r_0} \tag{4-1}$$

式中，t 为注浆时间，s；r_1 为浆液扩散半径，cm；β 为浆液与水动力黏度之比，$\beta = \mu_g / \mu_w$；μ_g 为浆液的动力黏度，mPa·s；μ_w 为水的动力黏度，mPa·s；n 为介质的孔隙率；K 为介质相对水的渗透系数，cm/s；Δh 为注浆压力水头与地下水压力水头之差，cm；r_0 为注浆管的半径，cm。

Raffle 和 Greenwood 推导出一个比马格公式更准确有效的公式，该公式的优势体现在不仅考虑了地下水的静压作用，同时认为浆液的灌入使孔隙水运动并产生黏性阻力损失。Raffle-Greenwood 公式为：

$$t = \frac{nr_0^2}{K \Delta h} \left[\frac{\beta}{3} \left(\frac{r_1^3}{r_0^3} - 1 \right) - \frac{\beta - 1}{2} \left(\frac{r_1^2}{r_0^2} - 1 \right) \right] \tag{4-2}$$

Karol 在假定浆液充满被注介质孔隙条件下，根据质量守恒定理，得到了 Karol 公式：

$$r_1 = \sqrt[3]{\frac{3qt}{4\pi n}} = 0.62 \sqrt[3]{\frac{qt}{n}} \tag{4-3}$$

Karol 公式实际上只是一个粗略的估算公式，它假定浆液填满注浆范围内被注介质的所有孔隙，而且认为浆液结石率为 100%，但由于其较为简单，因此在工程多有使用。

当采用带孔花管注浆时，浆液呈柱面扩散，有柱面扩散公式：

$$q = \frac{2\pi K \Delta h L}{\beta \ln(r_1/r_0)} \tag{4-4}$$

或

$$t = \frac{n\beta r_1^2 \ln(r_1/r_0)}{2K \Delta h} \tag{4-5}$$

式中，q 为单位时间的注浆量，cm^3/s；L 为注浆管长度，cm。

柱面扩散公式与马格公式有着相同的基本原理即达西定律，在实质上是相同的，柱面扩散公式是采用钢花管注浆时马格公式的变形。

② 土体渗透注浆实验公式

我国学者对多孔介质的渗透注浆进行了模拟实验，同时得到了渗透注浆的柱状扩散回归公式：

$$R = 8.7 p^{0.474\,9} K^{0.364\,7} \mu_0^{-0.474\,9} t^{0.150\,9} T^{0.324\,0} h^{0.270\,6} \tag{4-6}$$

式中,R 为浆液的实际扩散距离,cm;p 为注浆压力,MPa;K 为被注介质的渗透系数,m/d;μ_0 为浆液的初始黏度,mPa·s;t 为注浆时间,s;T 为注浆凝结时间,s;h 为注浆段埋深,m。

③ 土体渗透注浆理论的讨论

综合以上土体渗透注浆理论公式来看,它们均未考虑浆液的流变性随时间变化的特性,不适用于所有的浆材。另外浆液为非水溶性液体时,其渗入过程实际是浆-水两相流动,而所有的渗流公式均是采用单相渗流理论推导得到的,为此必然与实际情况有较大出入。再次,浆液注入土体的同时必然会导致地下水运动而产生浆液水头损失,而在上述公式中仅有 Raffle-Greenwood 公式对其进行了考虑。尽管如此,当注浆浆液为较稀的水泥浆,被注介质为较均匀土体时,运用马格公式与 Raffle-Greenwood 公式还是具有一定准确性的。

有关土体渗透注浆的模拟实验均为无水多孔介质渗透实验,即没有考虑地下水的影响,虽然不能直接用于实践中的理论计算,但仍然具有重要的指导借鉴意义。从这些公式中可以看出,对注浆扩散半径影响最为显著的为注浆压力,其次为浆液的初始黏度与浆液的凝结时间,再次是被注介质的渗透率和注浆时间。

(2) 裂隙岩体渗透注浆理论

① 裂隙岩体渗透注浆理论公式

近几十年来,围绕浆液在岩体裂隙中流动规律及注浆效果的研究,国内外学者做了大量工作与努力,得出了一些理论公式。

a. 裂隙平滑

对于牛顿流体在单一裂隙中的渗流规律研究,我国的刘嘉材教授推导出了牛顿体浆液在水平光滑的单一裂隙中的渗流规律,其公式如下:

$$r_1 = 2.21\sqrt{\frac{0.093(h_1 - h_0)t\delta^2 r_0^{0.21}}{\mu_g} + r_0} \tag{4-7}$$

式中,r_1 为扩散半径,cm;h_1 为注浆压力水头,kPa;h_0 为地下水压力水头,kPa;t 为注浆时间,s;δ 为裂隙张开度,cm;r_0 为注浆孔半径,cm;μ_g 为浆液动力黏度,MPa·s。

另外国外的贝克(Baker)给出了假设注浆孔横穿宽度为 δ 的单个平滑的裂隙的理想情况下浆液注入量的计算公式:

$$Q = \frac{\pi \rho g}{6\ln(R/r_0)} \frac{H\delta^3}{\mu} \tag{4-8}$$

式中，Q 为浆液注入量，m^3；ρ 为浆液的密度，kg/m^3；ρ 为重力加速度，N/kg；R 为浆液的扩散半径，m；r_0 为注浆孔半径，m；H 为注浆段的埋深，m；δ 为裂隙的宽度，mm；μ 为浆液的黏度，$mPa \cdot s$。

如果一个注浆孔横穿几条裂隙，则上式变为

$$Q = \frac{\pi \rho g}{6\ln(R/r_0)} \frac{HN\delta_a^3}{\mu} \tag{4-9}$$

式中，N 为裂隙数目；δ_a 为平均裂隙宽度。

b. 裂隙粗糙

当浆液在岩体内的水平粗糙裂隙内流动时，需要将裂隙表面的粗糙度纳入考虑范围，同时地下水的影响也不能忽略，目前已推导出此情况下浆液扩散半径与注浆时间的关系：

$$t = \frac{12\left[1+8.8\,(\omega/\delta)^{3/2}\right]}{8\delta^2\,(p_0 - p_e)}\left\{ v_g\left[\frac{r^2}{2}\ln\left(\frac{r}{r_0}\right) - \frac{r^2 - r_0^2}{4}\right] + \right.$$
$$\left. v_w\left[\frac{r^2}{2}\ln\left(\frac{r_e}{r}\right) - \frac{r_0^2}{2}\ln\left(\frac{r_e}{r_0}\right) + \frac{r^2 - r_0^2}{4}\right] \right\} \tag{4-10}$$

式中，t 为注浆时间，min；ω 为裂隙的绝对粗糙度，Ra；δ 为粗糙裂隙的平均张开度，mm；p_0 为注浆孔底压力，MPa；p_e 为地下水静压力，MPa；r 为浆液扩散半径，m；r_0 为注浆孔半径，m；r_e 为地下水的影响半径，m；v_g 为浆液的运动黏度，m^2/s；v_w 为水的运动黏度，m^2/s。

② 裂隙岩体注浆模拟试验

针对岩体裂隙注浆国内外开展了一些较有成果的模拟试验。奥地利曾于 1995 年进行了浆液在单裂隙中流动的模拟试验，试验中采用 3 种不同的模型：第一种模型是将浇筑后的 2 m×1 m×1 m 的混凝土块用特殊的方法劈裂，然后利用劈裂后的裂缝进行注浆模拟试验，建立了注浆流量、注浆压力及渗透距离之间的关系；第二种模型是利用两块直径为 1.4 m、厚为 0.3 m 的混凝土块构成模拟裂隙，并在模型的中间钻孔进行注浆，使浆液在裂缝中呈轴对称流动，并测得不同间距下裂隙流量、注浆压力及浆液黏度之间的关系；第三种模型是用两块 0.3 m 厚的钢板拼成裂隙，并在给定的粗糙度下，建立粗糙度对注浆量及浆液扩散距离的影响。

对于三维空间岩体裂隙的结构对注浆的影响及两者相互作用，国内外学者做了一定的研究，建立了裂隙的平板结构，忽略了裂隙面的不规则特征对渗流过程的影响，并得出了在稳定层流条件下通过岩体裂隙的浆液流量与其张开度呈立方关系的结论。1974 年 Lamize 和 Louis 运用单裂缝试件进行了单向水流的室内模拟试验,建立了层流与紊流条件下单个天然裂隙的导水系数方程。

③ 裂隙岩体渗透注浆理论的讨论

由于岩体自身构造复杂,岩体裂隙渗透注浆理论的研究主要限于单裂隙,且未考虑裂隙面本身的构造复杂性,如粗糙性、弯曲性等。工程实例中岩体裂隙基本都是三维空间发展的,而且构造一般都很不规则。然而对浆液在单一裂隙中的流动规律研究是研究更复杂情况的基础,单一裂隙注浆渗流规律包括单一裂隙结构特征、浆液的渗流过程及其与裂隙相互作用等部分。对于单一裂隙的结构特征,大多数情况都只把裂隙作为裂隙面起伏程度不同或张开度不同的单变量控制的结构来考虑,有待进一步完善。裂隙结构应包括两个方面,一是裂隙面的起伏即粗糙度,一是裂隙张开度。将两者结合起来建立单一裂隙的结构模型,是我们的研究方向。实际上两者都是具有一定的统计规律性的,将裂隙粗糙度和张开度看作服从一定分布规律的随机变量,再通过计算机模拟,是有可能建立理想的仿真单一裂隙结构模型的。

(3) 土体压密注浆理论

① 土体压密注浆原理

压密注浆是向地层中压注极稠浆液,通过注浆孔浆液的扩散对周围土体进行压缩的行为。对其注浆原理,以地表垂直向下的花管压密注浆为例进行说明。压密注浆的初始阶段,浆柱的直径和体积都比较小,主要压力的方向为径向即水平方向。随着注浆的持续,浆柱体积将增大,进而产生了向上的压力。对于非饱和土,压密注浆的浆体对土体的挤密效果比饱和土明显,浆泡先引起超孔隙压力,待孔隙压力消散后土体才会被挤压。浆柱体的形状在均匀的各向同性地基中为球形和圆柱形;在不均匀地基中,浆柱大都呈不规划形状,浆液挤向地层中的薄弱区域。浆柱体的大小受多种因素控制,包括土体密度、含水量、地表约束条件、注浆压力、注浆速率等。

② 土体压密注浆理论的讨论

压密注浆的实质是浆液在土体中运动并挤走周围的土,并不向土内渗透,不同于渗透注浆。另外压密注浆的浆液虽然对土体产生挤压作用,使注浆孔周围土体发生塑性变形,较远处土体发生弹性变形,但并不使土体产生水力劈裂,为此也不同于劈裂注浆。压密注浆会在土体内形成浆泡,浆泡的大小和压力到达一定程度将会引起地表上抬,下面以在均匀地层中地表向下垂直压密注浆为例进行定性讨论。压密注浆形成的浆泡半径 r 随注浆压力 p 的增大而增大,两者之间的定性关系如图 4-21 中曲线 I 所示。而浆泡的上抬力由浆泡半径 r 和

注浆压力 p 共同决定,即上抬力为浆泡水平投影面积与注浆压力的乘积。在给定覆土厚度的条件下,浆泡半径 r 越大,使地层上抬所需要的注浆压力 p 越小,反之亦然,两者的定性关系如图 4-21 曲线 Ⅱ 所示。从图中可以看出曲线 Ⅰ 与曲线 Ⅱ 将会有交点,交点处的压力 p_0 即为使地层发生上抬的注浆压力。当上覆土层厚度加大、地层刚度增强时,曲线 Ⅱ 将会上移,上抬压力 p_0 将会增大。但由于控制曲线 Ⅰ、Ⅱ 的因素过多且复杂,目前还无法计算或估算出 p_0 的大小,需要通过实地观测来获取。

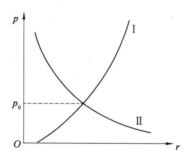

图 4-21　压密注浆压力与浆泡半径关系图

（4）土体劈裂注浆理论

① 土体劈裂注浆原理

劈裂注浆是一个先压密后劈裂的过程,浆液在土体中流动分为以下三个阶段:

a. 鼓泡压密阶段。

注浆的初始阶段,浆液对土体的压力不大,还不能劈裂地层,浆液聚集在注浆孔附近,形成椭球形泡体挤压土体,其压力和流量曲线如图 4-22 所示。相对来看,曲线初始部分吃浆量少而压力增长快,说明土体没有开裂,经过注浆压力

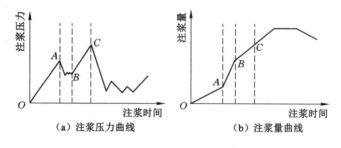

（a）注浆压力曲线　　　　（b）注浆量曲线

图 4-22　注浆压力、注浆量随时间变化曲线

时间曲线第一个峰值压力（A 点压力）后，压力陡然减小，而注浆量陡增，证明裂缝产生。A 点压力即为启裂压力，启裂压力前的曲线段称为鼓泡压密阶段，其状态与压密注浆相似。

鼓泡压密作用可用承受内压的厚壁圆筒模型来分析，可近似地用弹性理论的平面应变问题求径向位移以估计土体的压密变形。径向位移 μ_r 可用下式计算：

$$\mu_r = \frac{\upsilon - 1}{\upsilon E\,(r_2^2 + r_1^2)}(pr_1^2 + p_1 r_1^2 r_2^2) \tag{4-11}$$

式中，υ 为土体泊松比；E 为土体弹性模量，GPa；r_1 为注浆管半径，m；r_2 为浆液的扩散半径，m；p 为注浆压力，MPa。

b. 劈裂流动阶段。

随着注浆的持续进行，在压力超过启裂压力后，土层中产生裂缝，劈裂面发生在阻力最小的小主应力面。若地层中存在软弱破裂面，则先沿软弱面发生劈裂流动；若无软弱破裂面，即地层较均匀时，初始劈裂为垂直劈裂，即劈裂发生在垂直于地层最小主应力的平面上。劈裂压力大小与地层中小主应力及抗拉强度大小成正比，垂直劈裂压力为：

$$p_v = \gamma h\,\frac{1 - \upsilon}{(1 - N)\upsilon}\left(2K_0 + \frac{\sigma_t}{\gamma h}\right) \tag{4-12}$$

式中，p_v 为垂直劈裂注浆压力，MPa；γ 为土体重度，kN/m³；h 为注浆深度，m；υ 为泊松比；N 为综合参数；K_0 为土的侧压力系数；σ_t 为土的抗拉强度，MPa。

也可根据下面公式粗略估算垂直劈裂压力：

$$p_v = 3\sigma_3 - \sigma_2 + \sigma_t \tag{4-13}$$

式中，σ_3 为土体水平小主应力，MPa；σ_2 为土体水平大主应力，MPa；σ_t 为土体抗拉强度，MPa。

在劈裂流动阶段，注浆压力先是很快降低，维持在一低压值左右摆动（图4-22中 AB 阶段），注浆量却上升很快。这表明裂缝在不断生成发展并被浆液填充，原因是一旦劈裂面形成，裂缝最前端出现应力集中，浆液以不大的压力便能推动裂缝迅速张开。

c. 被动土压力阶段。

随着注浆的持续，注浆压力又再度上升，表明裂缝已经发展到一定程度，已经没有大的发展，此时的注浆过程就是浆液压力和能量累积的过程。而地层中的应力发生着变化，主要是大小主应力方向发生了变化，水平向主应力转化为被动土压力状态,即水平向主应力为最大主应力。所以当注浆压力到达第二个峰值(C点)时,由于水平向应力已经大于垂直向应力,地层便出现了水平向裂缝,即二次劈裂。水平劈裂压力为:

$$p_h = \gamma h \frac{1-\upsilon}{\upsilon(1-N)}\left(1+\frac{\sigma_t}{\gamma h}\right) \tag{4-14}$$

式中,p_h为水平劈裂压力,MPa。

也可根据下面公式粗略估算垂直劈裂压力:

$$p_v > \sigma_1 + \sigma_t \tag{4-15}$$

② 土体劈裂注浆理论的讨论

注浆的过程实际上也是一个能量交换与传递的过程,当然符合能量守恒原理,即注浆所耗能量等于土体中增加的能量与劈裂过程所耗能量之和:

$$\Delta E = (\Delta E_{rg} + \Delta E_{rf}) + (\Delta E_{ic} + \Delta E_{ip} + \Delta E_{iv} + \Delta E_{is} + \Delta E_{il}) \tag{4-16}$$

式中,ΔE_{rg}为土体中的弹性应变能,J;ΔE_{rf}为浆液的弹性应变能,J;ΔE_{ic}为劈开土体所需要的能量,J;ΔE_{ip}为劈裂区塑性形变所耗能量,J;ΔE_{iv}为浆液表面与土体摩擦所耗能量,J;ΔE_{is}为浆液流动时克服其内剪力所耗能量,J;ΔE_{il}为克服注浆系统中各种摩擦所耗能量,J。

注浆所耗总能量与注浆速率和注浆压力有关:

$$\Delta E = f(p, \upsilon) \tag{4-17}$$

可见,注浆速率(υ)和注浆压力(p)是一组重要的参数。

(5) 裂隙岩体劈裂注浆理论

① 裂隙岩体劈裂注浆原理

对于裂隙岩体的劈裂注浆,注浆浆液在岩体的裂隙中流动,可以分为天然裂隙扩展与新裂隙生成两个阶段。

a. 天然裂隙的扩展。

浆液在岩体裂隙中流动,由于浆液本身有较高的压力,会对裂隙壁施加压缩应力,裂隙便会进一步扩展。工程应用中注浆设备能提供的压力有限,不足以使岩体发生塑性变形,岩体裂隙扩大变形以弹性变形为主,扩大的数值可用布辛涅斯克方程大致计算。该公式有个理想化的假设,认为浆液在圆筒内流动,对弹性筒壁产生均布反力并引起弹性变形。该公式给出了承载面中心的变形量:

$$\delta_0 = \frac{4(1-\upsilon^2)}{E}Rp_a \tag{4-18}$$

式中,δ_0 为承载面中心变形量;υ 为岩体泊松比;E 为岩体的弹性模量;R 为浆液的扩散半径;p_a 为作用于裂隙面的平均压力。

b. 新裂隙的生成。

浆液在既有裂隙中流动,由于对裂隙有扩展作用并在裂隙端部有应力集中,会导致劈裂产生。产生劈裂的依据是应力强度因子 K_1 达到临界值 K_{1c}。K_{1c} 为材料产生张开型裂纹断裂韧度,其值可由实验公式确定:

$$K_{1c} = \sqrt{\frac{2E\gamma}{1-\upsilon^2}} \tag{4-19}$$

式中,E 为岩石的弹性模量;γ 为岩石的比表面能;υ 为岩石的泊松比。

对 K_{1c} 的确定,可运用断裂力学的基本原理即应力强度因子叠加原理来进行分析。其基本思想是,在多种荷载作用下,裂隙顶端处的总应力强度因子,等于各单个荷载作用下各应力强度因子的代数和。岩体注浆劈裂行为中涉及的强度因子分为两大部分,一是地应力作用的应力强度因子,二是注浆压力作用的强度应力。

② 裂隙岩体注浆理论的讨论

对于岩体的劈裂注浆,目前做的研究还不多,且所涉及的范围也较小,已有的理论中主要还是围绕注浆孔壁产生的劈裂。而对于完整岩体,是很难像土体一样发生水力破裂的,因为大部分完整岩体的抗拉强度都在 7 MPa 以上,但岩体内注浆压力一般达不到这个压力值。所以岩体的劈裂注浆基本都是在有岩体天然裂隙节理或软弱面存在时才发生,即浆液先在既有裂隙中流动,在注浆压力的作用下,裂隙张开度会变大,当达到一定值时,裂隙便发生进一步扩展进而产生劈裂,或者由于软弱面或夹层的存在,在注浆压力的作用下发生类似土体先渗透后劈裂的过程。

4.3.2 羊东矿主斜井地面帷幕注浆机理

(1) 羊东矿帷幕注浆适用注浆理论探讨

针对前述的几种注浆理论可知,不同的注浆理论有着各自主要的适用范围,如渗透注浆主要用于增强满足可注条件介质的强度与防渗性能,压密注浆主要用于沉降建筑物抬升、高填方路基加固等,劈裂注浆主要用于软土地基加固、破碎岩体的加固等。因此,对于羊东矿主斜井帷幕注浆,需要综合运用几种注浆理论。

在羊东矿主斜井的地面帷幕注浆工程实际中,这几种注浆理论并不能截然分开,因为在工程实践中几种浆液扩散形式往往是交错存在的,而且是可以相互转化的,并没有十分严格的界限。如流砂层注浆类似于对较破碎岩体的注浆,首先是浆液在岩体的裂隙中流动,到裂隙基本被填充饱满,若注浆继续进行,在裂隙的端部将发生水力劈裂,即进入劈裂注浆阶段。再如黄土层中的注浆,浆液先渗透到土体的孔隙中,土体孔隙基本被填充后,若继续注浆,当压力超过土体的抗拉强度后,同样会发生水力劈裂;若土体不具有可注性,浆液先在土体中形成浆泡,即压密注浆的表现形式,当浆泡的大小和对周围土体的压力到了一定程度,土体内便会出现裂缝,进入劈裂注浆阶段。可见,对于羊东矿主斜井地表的帷幕注浆过程,可以理解为其注浆的初始阶段是渗透注浆和压密注浆的综合效应,注浆压力、注浆持续时间、被注介质自身因素决定注浆最终以何种方式结束。

综上所述,羊东矿主斜井地面帷幕注浆机理应为渗透注浆理论、压密注浆理论及劈裂注浆理论的综合。

(2)羊东矿帷幕注浆扩散形态

图 4-23 所示为土层中水泥浆扩散凝固后形态。现场帷幕注浆施工结束后,

（a）地下注浆孔周围水泥浆扩散形态

（b）主斜井掘进时迎头土体中水泥浆扩散形态

（c）地面注浆孔周围水泥浆扩散形态

（d）地面土体中水泥浆扩散形态

图 4-23　土层中水泥浆扩散凝固后形态

在主斜井掘进头可以清晰地观察到土体中浆液的扩散情况,图中水泥浆形成了明显的浆脉形态,这是注浆压密土体形成的,属于压密注浆;现场在地表进行场地平整时发现地表的土与水泥凝结在一起,形成注浆结石体,这属于渗透注浆;现场也见到了浆液凝固后的起泡椭球形泡体挤压土体,证明现场在注浆过程中实施高压注浆,对土体起到了劈裂注浆的效果,因此,也具有劈裂注浆的特征。

4.4　富水黄土地层小流量、稀浓度、间歇式注浆技术

羊东矿在实施地面帷幕注浆初期,委托专业地质队进行地面帷幕注浆。由于其采取了地面区域治理奥灰的工艺向表土中注浆,即利用 3NBB260-35/10-7-45 煤矿用泥浆泵,采用水灰比 0.8：1 的水泥浆液,按流量 167～260 L/min 的速度(四挡、五挡)进行注浆,地面跑浆的现象几乎未停止,注入黄土中的浆液量很少,由此产生黄土之中不能进行水泥注浆的观念。课题组经科研攻关,提出了富水黄土地层内小流量、稀浓度间歇式注浆技术。

4.4.1　黄土地层可注性分析

(1)黄土地层注浆过程影响因素分析

① 裂隙几何形貌特征影响

裂隙的几何形貌特征是指其隙宽大小及其连通率等情况。注浆过程中,完整的岩块中几乎不会有浆液的流入,浆液主要在岩体裂隙所形成的空隙中流动。因此,基于隙宽的裂隙类型划分及隙宽测定方式对浆液流动理论分析、实验及实际施工中的参数选定、结果分析等具有重要影响。在张拉应力或结构面剪切变形的过程中,裂隙逐渐萌生、扩展,隙宽的大小与力学成因及裂隙面的自身规模有着紧密联系。在小开度裂隙岩层内部,完全张开的裂隙几乎不存在,而是在局部形成较多的接触区域,即所谓的岩桥(见图 4-24)。对于这种情况,整体而言结构面仍处于张开状态,但是因岩桥的存在,导致裂隙的连通率减小,进而导致裂隙的有效渗流区域减小并影响其内部的浆液流动情况。

由于结构面的接触区域极为复杂,接触面积难以直接查明,因此只可通过隙宽或其他信息间接分析判定。由于接触面积的存在,导致裂隙的有效渗流区域减少,渗透性降低,二者的定量关系可通过下式来表示：

$$\frac{k_c}{k} = \left[\frac{1-\beta}{h + \alpha \cdot \beta} \right]^{\frac{2}{3}} \tag{4-20}$$

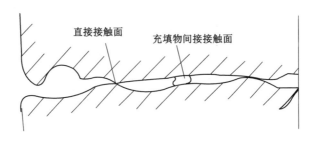

图 4-24 岩桥

式中,β 为裂隙接触面积与总面积的比值;k_c 和 k 分别为无闭合区域及有闭合区域时的等效渗透系数;α 为与流动性有关的参数。

通过式(4-20)可看出,裂隙渗透性随接触面积的增加呈非线性衰减且衰减速率不断增大,当有效渗流区域衰减至总面积的 35% 时,等效渗透系数的衰减将达到 50% 上。

② 结构面的水理性质

由于绝大多数地层中的岩土体均具有亲水性质,因此,实际注浆过程中浆液与结构面之间会形成一层水膜,导致浆液与结构面无法直接接触并形成黏结力,使加固体的抗剪强度大幅降低,严重影响注浆效果。因此,浆液自身与结构面之间的亲润性制约注浆的效果。当浆液的亲润性高于水的亲润性时,浆液在流动过程中就可对原结构面上所吸附的水膜形成驱替作用从而充满整个裂隙空间并形成紧密的黏结作用。对于亲润性的描述可借助接触角的概念,其表达式为:

$$\cos\theta = \frac{\sigma_s - \sigma_{st}}{\sigma_t} \qquad (4\text{-}21)$$

式中,σ_t 为浆液表面张力;σ_s 为土体表面张力;σ_{st} 为土体与浆液之间的界面张力。

当接触角小于 90° 时,浆液表现出亲润性的特征,并且接触角越小亲润能力越强。

除此之外,浆液与结构面接触时还会产生吸附作用。这可由吸附(黏附)功和黏附力来表示。

吸附(黏附功): $$W = \sigma_s(1 + \cos\theta) \qquad (4\text{-}22)$$

黏附力: $$F = \sigma_s \cdot \cos\theta \qquad (4\text{-}23)$$

通过上式可看出,随着浆液表面张力的提高,其黏附作用随之增强,浆液的流动能力及固结后所形成的黏结强度也相应提高。但是另一方面,表面张力的提高会影响浆液与岩石之间的亲润性,导致浆液对水膜的驱替作用减弱。在实际注浆选型时,需要同时权衡这两种因素的影响。同时,应控制浆液的表面张力与结构面表面张力相接近,这样可降低浆液与结构面之间的界面张力,从而保证浆液扩散与加固效果。

③ 浆液稳定性与黏度影响

为防止浆液在流动时中过早发生沉积,需要在选择注浆材料时充分参考其自身的稳定性。当浆液的流动速率减慢或完全停止流动时,若仍能在较长时间内保持一定的均匀性,则其稳定性较高。水泥浆液作为一种悬浊液,当浆液搅拌完成并将其静置之后,会产生一定程度的析水现象,其大小可用析水率表征:

$$\alpha = V_1/V \tag{4-24}$$

式中,a 为浆液析水率;V_1 为浆液所析出的水分体积;V 为原浆液体积。

实际注浆过程中,仅通过析水率难以做到对浆液沉积情况进行有效分析,需要对浆液沉积的影响因素进行全面分析并获得相应机理。当浆液的流动速率逐渐减慢并趋于静止时,浆液中的固体颗粒不断下沉,析出的水分逐渐上升至浆液的顶端。其析水率 q 可由以下定量关系式进行表述:

$$q = \frac{9dw^2(\rho_c - \rho_w)}{32\eta(1 + 3w)} \tag{4-25}$$

式中,q 为析水速率;d 为水泥颗粒直径;η 为水的运动黏滞系数;ρ_w 为水的密度;ρ_c 浆液密度;w 为水灰比。

通过上式可知,浆液析水率受水灰比的影响很大,因此在选取注浆参数时应严格控制其水灰比从而达到最好的注浆效果。

浆液的黏度表征了浆液的黏滞性,浆液流动过程中相邻区域之间会产生剪切变形,且剪切速率大小不同,从而在浆液内部产生内摩擦力作用。因此浆液的黏度可表征浆液抵抗流动的能力,其影响因素主要有浆液的浓度、温度等,并且浆液的黏度随时间不断增加。

④ 其他影响因素

除以上因素之外,浆液在裂隙中的流动还受结构面接触状态、过曲率、裂隙充填状态等因素的影响。结构面接触状态可分为吻合接触与不吻合接触,其中不吻合接触结构面的连通性较低,浆液流动过程中所受的阻碍较大。迂曲率是指浆液在流动过程中实际流线长度与流线的直线长度之比,迂曲率越高,浆液流动过程中的能量消耗越大,相同注浆扩散半径所要求的注浆压力越高,注浆时间越长。一般小开度裂隙浆液流动的迂曲率在 $1.2 \sim 1.6$。对于由风化或者卸荷作用所产生的次生结构面,其裂隙内部往往具有不同程度的填充物。对于裂隙内几乎没有填充或者仅有一部分裂隙空间被填充的情况,其渗流特性主要受粗糙度控制。当充填物完全充满整个裂隙空间时,裂隙的渗流特性将完全取决于充填物的性质。

(2) 浆液与土体裂隙之间的相互作用

① 浆液与裂隙之间的物理力学作用

在土体注浆过程中,由于不同的注浆方法选择的注浆材料、施工工艺及所存附的条件不同,使得浆液与土体之间的作用方式产生很大差别。基于土体不同的渗透能力,浆液可能以渗透、充填、挤压和劈裂等方式在土体中扩散。当渗透系数较大时,浆液易在裂隙内发生渗透扩散。对于水灰比很高的水泥浆液或水泥黏土浆液等黏度很大的浆液,当裂隙渗透系数在 $0.1 \ m/s$ 的数量级时仍然可发生渗透现象。而对于渗透系数很低的小开度裂隙,因其渗透系数很低,所以即使采用很稀的浆液,其扩散形式仍以劈裂为主。同时需要指出,在同一时刻,浆液与土体之间并非只存在一种形态,而是各种方式同时进行。通过对浆液类型、注浆参数等进行优选,可人为调控浆液与土体间的作用方式,确保小开度裂隙的围岩稳定性及有效合理的浆液扩散加固范围。

在小开度裂隙的注浆过程中,由于围岩裂隙网络交错复杂,浆液优先在隙宽相对较大的裂隙中流动,此时浆液具有较高的流动速度且注浆压力相对较低。随着浆液的不断扩散,所受到的阻力以及自身黏滞力产生的消耗增多,导致浆液流速有所减慢。与此同时,浆液会向周围隙宽相对较小的裂隙内流动,整体而言浆液在裂隙岩体中呈脉状扩散,且主要以渗透和充填的方式进行扩散,很少有劈裂现象的发生。

水泥浆液注入由裂隙所形成的空隙间,对其充填时,水泥浆液的颗粒越细,则能注入越小的裂隙。水泥颗粒足够小能注入所有微小裂隙时,浆液的可注性就可满足对裂隙网络中的所有裂隙进行封堵。当水泥颗粒较大时,浆液仅能注入隙宽较大的裂隙,无法全面封堵地下水所有导水通道,就不能达到预期的注浆封堵效果。

水泥类浆液的流动特性符合宾汉流体的流动规律。浆液在较低的压力下可表现出部分塑性特征,当注浆压力大于其屈服应力时,浆液产生流动。因此,在小开度裂隙注浆过程中,水泥浆液在注浆压力的作用下会对岩体中的裂隙产生"楔入"和"启裂"的作用。对于岩体中隙宽很小的裂隙及迹长较短的非贯通裂隙,浆液压力的作用会使裂隙出露点附近出现应力集中现象,使其塑化失稳并进一步张开,浆液从而继续流入裂隙中。同时,浆液粒径或所形成的微团粒度大于隙宽时,易使得浆液在注浆压力下产生压滤作用,水泥颗粒或微团被阻碍在外侧无法继续流动,同时浆液发生泌水并继续流入裂隙中。泌出的水分的流动服从牛顿流体流动特点,其黏滞力和内聚力远小于具有宾汉流体特性的水泥浆液,因此流体压力在传递过程中的消耗大为减小。流体压力作用在裂隙壁面上,使得裂隙进一步张开、产生。启裂作用使得含有较大粒径水泥颗粒或微团的浆液可以流入裂隙中。在裂隙岩体浆液扩散过程中,在不同时刻及不同空间位置,楔入和启裂作用相继发生,从而使浆液持续注入裂隙土体中,达到预期的注浆扩散距离。

通过以上分析可知,水泥浆液在裂隙岩体注浆过程中,会对裂隙产生一定程度上的扩张作用,使得初始隙宽有所增加,进而使浆液扩散到更远的区域。浆液扩散与土体变形之间相互影响,产生一定程度上的耦合效应。由于土体力学强度和周围环境的约束作用,浆液压力对注浆产生的作用效果仅限于使裂隙进一步扩张,而难以将整个地层抬升。同时,这种耦合作用所带来的扩散距离的增加往往是有限的。实际注浆过程难以达到水泥颗粒依次进入土体裂隙的理想状态。由于水泥浆液中各成分之间的化学作用,浆液往往以微团的形式进入裂隙中,且在浆液扩散过程中又伴随有新微团的形成,最终使渗流通道淤积堵塞,致使后续浆液无法继续流入。

浆液在流动过程中会产生一定程度的沉积,不同泥水比例、浓度、水泥颗粒大小及不同的添加剂均会对沉积速度产生影响。对于小开度裂隙而言,浆液在其中的流动均为层流,浆液更容易发生沉积,进而影响到后续浆液的扩散,随着注浆扩散距离的增加,沉积现象更加明显。浆液沉积点与注浆孔的距离由注浆压力、浆液黏度及隙宽所决定。当注浆压力小,浆液较为黏稠且隙宽较小时,浆液更容易沉积。浆液开始沉积后,会不断在裂隙壁面上附着累积,使隙宽不断减小,从而导致浆液的可注性降低。随着隙宽的不断减小,注浆速率不断降低且注浆压力不断升高至注浆终压,会导致浆液无法继续注入。因此尽量减少和避免浆液的沉积,对提高小开度裂隙的可注性具有重要作用。

② 浆液的化学作用

水泥浆液水化反应过程及凝结固化过程伴随着一系列复杂的化学作用,这些作用对浆液在裂隙中的流动、存留及浆液可注性均有着重要的影响。由于水泥为多矿物的聚集体,遇水之后会产生一系列复杂的水化过程,包括硅酸三钙的水化和硅酸二钙的水化。

根据水化时放热速率与时间的相对关系,可将硅酸三钙整个水化过程大致分为 5 个阶段,即诱导前期(Ⅰ)、诱导期(Ⅱ)、加速期(Ⅲ)、减速期(Ⅳ)及稳定期(Ⅴ)。其中,浆液性能主要与水化早期的浆体结构形成有关。其水化时间与放热速率及钙离子浓度的关系如图 4-25 所示。

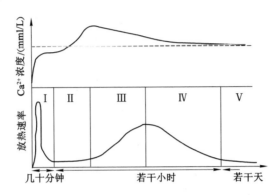

图 4-25　硅酸三钙水化放热速率和 Ca^{2+} 浓度变化曲线

硅酸二钙的水化过程与硅酸三钙的水化过程大致相同,其主要差别在于水化速率较慢,约为硅酸三钙水化速率的 5%。

除此之外,水泥的水化过程还伴随着铝酸三钙及铁酸钙的水化,其中铝酸三钙的水化对浆液的早期流动及流变特性具有重要影响。

在水泥的水化过程中,水化速率对浆液的性能有着重要的影响,它表征了单位时间内水泥浆液水化深度及水化程度,计算方法为某一时刻已经发生水化作用的水泥含量与完全水化时水泥总量的百分比。将水泥颗粒理想化为直径 d_{m} 的球形,其水化速率 h 及水化程度 α 可用下式表达:

$$h = \frac{d_{\mathrm{m}}\left(1 - \sqrt[3]{1-\alpha}\right)}{2} \tag{4-26}$$

$$\alpha = \frac{\frac{1}{6}\pi d_{\mathrm{m}}^3 - \frac{1}{6}\pi\left(d_{\mathrm{m}} - 2h\right)^3}{\frac{1}{4}\pi d_{\mathrm{m}}^3} \tag{4-27}$$

由于水泥水化过程中伴随着一系列复杂的化学过程,因此影响水泥水化速率的因素很多,其中主要的是水泥颗粒直径大小,水泥矿物组成及其结构,水灰比以及水化过程中的温度环境等。

（3）针对岩体裂隙的浆液可注性判据

浆液是否可注，一方面取决于浆液的颗粒级配及其流变特性，另一方面取决于基质的渗透性，即基质的有效粒径及孔隙直径。

通过将基质块体简化为理想化的几何形状，可将多孔介质结构参数与渗透特性与裂隙岩体渗透特性建立起定量关系。

分别将基质简化为层状、柱状、球状及块状（图 4-26），可计算出其相应的基质形状因子，其中 n 表示基质形状维度，L 表示基质的特征长度。对于不同基质类型，其形状因子如表 4-5 所示。

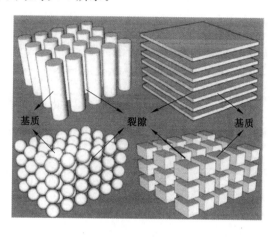

图 4-26　多孔介质与裂隙岩土体分解示意

表 4-5　理想化基质形状因子

简化几何形状	维度	几何特征参数	符号	形状因子
层状	1	厚度	H_1	$12/H_1^2$
球状	2	半径	R_1	$15/R_1^2$
柱状	3	半径	$2R_2$	$15/R_2^2$
块状	4	边长	A	$15/A^2$

基于多孔介质可注性判据及多孔介质与裂隙结构参数的转化，可计算获得水泥浆液在小开度裂隙中的可注性判据。依据不同的水灰比及隙宽大小，可计算得到各种工况下浆液的可注性，见表 4-6。

表 4-6 黄土细微裂隙浆液可注性

浆液类型	水灰比	颗粒微团有效直径/μm	有效宽度/mm	可注性
325#水泥浆液	0.7	1 000	0.1	不可注
		1 000	0.5	不可注
		1 000	1	不可注
	1.0	850	0.1	不可注
		850	0.5	不可注
		850	1	不可注
	1.4	700	0.1	不可注
		700	0.5	不可注
		700	1	不可注
	1.6	700	0.1	部分可注
		700	0.5	部分可注
		700	1	部分可注

4.4.2 黄土地层小流量、稀浓度、间歇式注浆技术参数

经过现场勘查发现,前期地质队施工的注浆钻孔周围地层中有一定范围的浆液扩散,且地表跑浆、漏浆现象严重。通过上节理论分析可知,黄土地层中注浆时必须保证浆液浓度小,注浆的速度控制得慢一些,让浆液在黄土地层中能够均匀流动,否则容易造成浆液堵塞黄土地层中的孔隙,使得注浆压力升高而注浆量很少,或者地面漏浆。

通过现场大量的试验,开发出羊东矿富水黄土地层内小流量、稀浓度间歇式注浆技术,即:注浆速度控制在 35~60 L/min、水泥浆水灰比为 1.6∶1~1∶1、漏浆或跑浆暂停间歇 3~5 min。

4.4.3 黄土地层小流量、稀浓度、间歇式注浆现场实践效果

(1) 主斜井下掘进头掘进时地面帷幕注浆效果

2015 年 5 月 30 日,当主斜井下掘进头掘进至 56 点前 28.1 m,当天早班爆破(1.0 m)后,巷道迎头顶板淋水顺势增大,最大涌水量为 0.3 m³/min,且巷道上部岩土随着涌水发生局部塌方,坍塌高度为 5 m,水中伴有煤焦油及其刺激性气味,证明已与地表水相通。为防止巷道顶板塌方范围扩大,确保安全生产,经

研究决定,在井下建两堵挡水墙,采取地面帷幕注浆治理措施。初期施工 36 个注浆孔,钻孔采用 150 mm 孔径施工至设计孔深后,因塌孔严重,下入的孔口管浅,均为 6 m,注浆后地面跑浆严重,地表鼓起,注浆层位低,施工注浆钻孔多,注浆量大,该组钻孔因下入孔口管长度短,对巷道帷幕注浆堵水未起到明显作用。

2016 年 1 月 13 日夜班,施工 17 个注浆钻孔。为验证该段地面帷幕注浆效果,确保安全掘进,采取主斜井井下验证措施。巷道前头(56 点前 10.4 m 挡水墙处)施工 3 个探查孔,该组钻孔施工至 20 m 以里时(巷道 56 点前 30 m 以里),发现岩粉为大粒黄沙及黄色砂土,证明巷道前方岩层极其松散,固结成岩程度低。后期在主斜井 56 点前 8.4 m(钻场开孔帮)放 1 钻场施工 4 个顺巷探查孔,根据施工资料分析,发现巷道前方存在含水层,所以继续施工地面帷幕注浆钻孔。

截至 2016 年 2 月 1 日夜班,主斜井已施工至 56 点前 48.2 m 位置。为确保掘进作业的正常衔接,对地面帷幕注浆二期进行井下验证,帷幕注浆共施工 10 个注浆钻孔。为验证该段地面帷幕注浆效果,确保安全掘进,采取主斜井井下验证措施。巷道前头(64 点前 31 m 处)施工 3 个验证孔,1 号孔经测量得钻孔涌水量为 0.06 m³/h,2、3 号孔均无水。

经验证后,巷道继续向前掘进,根据该区岩、土层力学性质分析,为防止巷道掘进期间发生冒顶、抽冒事故,掘进至 66 点前 22.7 m 位置停头。停头位置处巷道顶板与地表铅垂距为 21.7 m,与上部黄土层铅垂距为 3.7 m。

巷道停头后,在迎头建立两道止浆墙,且壁后注浆加固巷道,在地面施工两个注浆钻孔加固止浆墙,防止地面帷幕注浆钻孔注浆期间井下跑浆。

(2) 主斜井上掘进头施工时地面帷幕注浆效果

初期施工 54 个注浆孔,所下孔口管长度为 3.5～8.5 m。但该组钻孔因下入孔口管长度短,对巷道帷幕注浆堵水未起到明显作用。

2015 年 10 月 23 日掘进头出水。10 月 28 日对掘进头水量进行了测算,涌水量为 138 m³/h;11 月 6 日井下建成止水点,涌水量降为 27 m³/h;11 月 23 日,涌水量降为 18 m³/h。主斜井停止掘进,采取地面施工帷幕注浆钻孔。

主斜井地面暗槽段掘进至 G3 点前 21.2 m 位置,巷道在 G3 点前 8.8～13.8 m 顶板垮落,垮落高度为 3 m,已塌陷至地表,采取地面注浆加固措施,施工 3 个注浆充填地面塌陷区及帷幕注浆钻孔。至 2016 年 1 月 18 日夜班,共施工 42 个注浆钻孔。为验证该段地面帷幕注浆效果,确保安全掘进,采取主斜井表土段井下验证。

巷道前头(G3点前21.2 m处)施工5个验证孔,根据该组验证孔钻探资料分析,单钻孔均有少量出水,水量为0.01~0.02 m³/min。对该组验证孔进行了注浆措施,共注浆109.8 t。注浆结束后施工1个验证孔,即6号孔,倾角-16°,施工孔深为22.0 m。钻孔钻进至18 m时少量出水,涌水量为0.016 m³/min,终孔位置钻孔涌水量未见变化。经安全评价后,巷道继续向前掘进。

2016年2月22日夜班,巷道掘进至G3点前28.3 m处时,巷道迎头出水,2月23日测算得巷道涌水量为75 m³/h,2月27日测算得巷道涌水量为60 m³/h,3月2日井下建成止水点后巷道涌水量降为6 m³/h。经研究决定,采取地面注浆加固措施。此次地面帷幕注浆共设计23个钻孔,设计钻孔以巷道左帮(出水帮)为主,施工13个钻孔,且进行了注浆。

2016年5月11日,掘进至G3点前29.3 m处时,巷道出现淋水,测算得涌水量为60 m³/h,5月18日井下建成止水点后涌水量降为9 m³/h。继续施工帷幕注浆钻孔,至5月27日恢复掘进。

2016年6月3日中班,掘进至G3点前30 m位置(即G4点前13.9 m,巷道顶板与地面铅垂距为13.6 m),巷道出现淋水,测算得巷道涌水量为50 m³/h,6月8日井下建成止水点后巷道涌水量降为3 m³/h。

4.5　富水地层区域定位注浆技术

(1) 多层富水地层定位注浆技术

主斜井现场施工基岩段及部分表土段期间,主斜井的深度大于12 m时,其表土层下部5 m、8 m处的两层含水层对主斜井的施工影响并不大,故这段主斜井施工治理水害的重点是表土层下12 m处的含水层。施工初期现场常规施工方法,是从注浆孔上方进浆,通过压力的传递,将浆液从上往下压入含水层中,而为了防止塌孔,又不得不先进行上部两层含水层的治理,这大大增加了注浆量,增加了无效的成本投入。但如果塌孔后不进行处理,塌孔后泥土会落入孔下部,使深部孔隙被埋,纵然注浆孔的深度大,也不能使水泥注入岩石与土层交界面。

为此,课题组创新研制了定位注浆帽(见图4-27),在原注浆帽里焊接一个带快速接头的铁管,在快速接头上可以安设目标含水层需要长度的高压胶管,使注浆浆液直达目标层,不必进行上部含水层的治理,这样即使打好孔后出现塌孔现象,在下入高压胶管时,由于高压胶管中通过泥浆泵注入清水,可以边冲

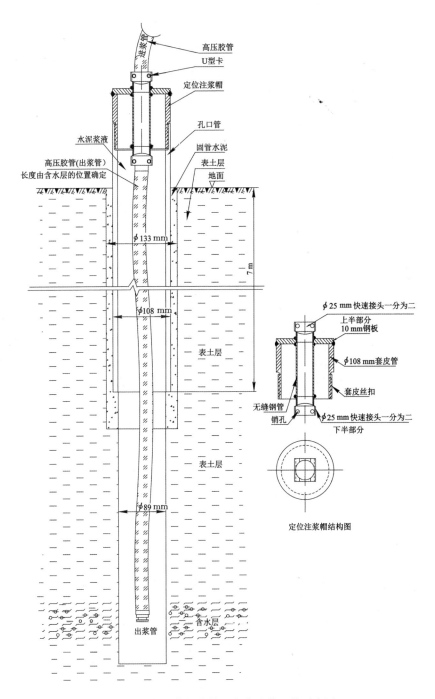

图 4-27 定位注浆帽结构及定位注浆工艺示意图

孔边轻松地达到目标含水层。同时,由于浆液出浆孔在深部含水层处,可使浆液直达目标含水层,这大大增加了注浆水泥的有效利用率,又降低了注浆量,减少了注浆成本。但本法施工也有一定的缺点:当注浆完毕提出其中的高压胶管时,所需拉力较大,使胶管变细变长,循环利用率低;一旦不能将胶管取出时,影响反复扫孔注浆工作。

(2) 定位注浆技术优点

① 有效解决了富水地层注浆塌孔问题

最初在施工注浆孔时,是先将孔打至超过孔口管 2 m 左右,然后下孔口管、固管、扫孔,再直接将孔打到深度超过表土层进入基岩中,然后开始注浆。理论上认为该孔经过了所有的表土中的含水层,在注浆时一定会直接对各个含水层有效果。而实际在下孔口管或注浆时,发现虽然孔打得足够深,但是由于受含水层的冲刷出现塌孔,表土进入孔中并埋住了下部的含水层,造成孔口管难以下放,或浆液不能进到下部水层中,实际仅能注浆一个含水层。现场试验发现,当一个孔成孔后,经过拔钻杆工序再测量孔深,有时 20 m 的孔塌孔后只剩余 8～15 m 左右,这种孔基本作废。这样就造成一个孔要经过注浆治理一个含水层后,再反复扫孔至另一含水层,大大影响了工作效率。

后期现场施工时进行了工艺改进,即根据含水层、砾石层的情况,将孔打至目标层后开始固管、扫孔、注浆,注好后,再扫孔至另一个目标含水层,这样再进行深部含水层注浆时塌孔现象明显减少,并且注浆效果较好。

② 节约了注浆材料用量

对于地层中具有多层含水层的注浆堵水工程,常规的做法是对所有含水层均进行注浆堵水,而采用新型定位注浆技术可仅对目标层实施注浆,因此可以节约大量的注浆材料。与常规做法相比本项目初步估算可节约水泥 3 000 余吨。

4.6 富水地层注浆跑浆漏浆处理技术

在羊东矿主斜井地面帷幕注浆施工初期,钻孔注浆过程中发生了多次跑浆漏浆问题,经过总结,发现一是注浆孔口管周围跑浆,二是孔与孔之间窜浆,三是远离孔口管的地面跑浆。

(1) 注浆孔口管周围跑浆漏浆处理技术

经过研究发现,注浆孔口管周围跑浆,是由于所下的孔口管较短(3.5～

5 m),虽然打的注浆孔较深,但由于注浆压力还没有达到将水泥浆液注入含水层中的压力时,浆液已经克服了孔口管固管水泥与表土之间的压力,从而出现向含水层中注浆之前浆液跑至地面的现象。为此,在注浆孔中下入孔口管最短不小于 7 m,一般为 10 m 以上,孔口管附近跑浆现象随之克服。

(2)孔间窜浆处理技术

如果发生孔与孔之间的窜浆,将两个窜浆的注浆孔用注浆管路并联到一起,同时进行注浆。

(3)远离孔口管的地面跑浆的处理技术

远离孔口管的地面跑浆,是由于有些裂隙较大,特别是一些生物孔隙较大,造成浆液至地面的通道畅通。如图 4-28 所示的生物裂隙形成的跑浆通道。

图 4-28　黄土中存在的生物孔洞成为浆液的流动通道

通过对跑浆通道的分析,发现在浆液进入孔洞后,由于孔内压力较小,浆液集中向其中流入,并在压力作用下挤胀,孔隙扩大又使浆液逐渐向上流动,直至流出地面,出现跑浆现象。跑浆孔洞既是跑浆通路,又是回流浆液返流通道,因此,只要堵住该通道就能防止跑浆。当停止注浆后,浆液中的水泥会顺着跑浆通道沉淀,而浆液中的水分会返流至表土中的含水层中或集中在水泥沉淀层的上部。

根据这一特性,课题组开发出了围堰自然返流、邻孔窜浆的跑漏浆治理技术。具体处理方法是:当出现跑浆时,用土在跑浆孔周围围一个直径 600 mm 左右、高度 200 mm 左右的圆形土堰,继续注浆使跑出的浆液充满土堰后再停止注浆,浆液会自然返流至跑浆通道;当土堰中的浆液剩余 1/3 时,再及时补充注浆,直至跑浆通道孔口处为沉淀水泥位置不再下降时为止。

　　处理这种类型跑浆的关键,是不得破坏跑浆通道的原始状态,一定要让其自然回流;不得往孔口中直接补充浆液,要在跑浆通道 300 mm 外补充浆液,否则会使返流通道被破坏,造成浆液不能返流,使跑浆通道不能全部灌满水泥,当下次再进行注浆时,跑浆通道因未充满水泥,会再次跑浆。按注浆水泥的浓度,水泥浆液沉淀后实体水泥部分是原来体积的 1/3,所以一般一个跑浆通道自然回流量应当是跑浆通道体积的 2 倍,由此来进行补充。这种处理跑浆的方法简单易行,且效果非常好。如图 4-29 所示为一跑浆孔洞。

图 4-29　跑浆孔洞形态

5　软弱松散地层大断面主斜井综合支护加固技术

本项目主斜井需要穿越地表富水第四系黄土层、基岩-砂质页岩等地层环境,该黄土及页岩强度均较低,且岩土体内富含地下水,使得岩土体强度更低。因此,必须对该软弱松散地层斜井的支护方式进行研究。主斜井穿越地层平、剖面如图 5-1 所示。

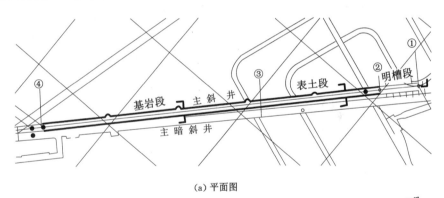

(a) 平面图

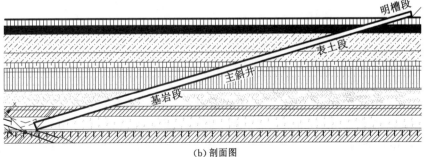

(b) 剖面图

图 5-1　主斜井穿越地层平、剖面图

5.1　主斜井断面设计及支护方案

5.1.1　主斜井暗挖表土段断面及支护方案

（1）主斜井暗挖表土段断面

主斜井表土段断面为直墙半圆拱形，设计毛断面宽×高＝4 400 mm×3 800 mm，净断面宽×高＝3 600 mm×3 000 mm。主斜井表土段断面如图 5-2 所示。

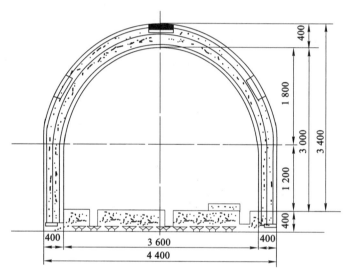

图 5-2　主斜井表土段断面

（2）主斜井暗挖表土段支护方案

主斜井井口以下 66.283 m 范围内巷道围岩为表土层，①～②段巷道为机头硐室，规格为 4.0 m×3.0 m；②～③段巷道规格为 3.6 m×3.0 m。表土段巷道采用直墙半圆拱断面，单层钢筋混凝土＋36U 型钢全断面支护，施工时先架设 U 型钢，然后浇筑钢筋混凝土。支护参数为：36U 型钢，4 节支架，每架支架 6 副卡缆，搭接长度 450 mm，支架间距 750 mm，架后垫直径为 60 mm 的圆木，间距 200 mm，圆木下裱褙塑料网，网片规格为 1 500 mm×850 mm，网片搭接长度为 100 mm，每 200 mm 采用 12# 绑丝绑扎 1 道；浇筑采用 C25 混凝土，混凝土内浇筑 1 层 HRB335 级钢筋，横筋规格为 $\phi12$ mm@250 mm，纵筋规格为 $\phi16$ mm

@250 mm,采用 20# 绑丝绑扎,搭接长度不少于 40 mm;钢筋保护层厚度为 50 mm,钢筋混凝土支护厚度为 400 mm。顺巷穿鞋为 300 mm×200 mm× 10 mm钢板。钢筋混凝土支护向基岩延深 5 m;井筒实际涌水量大于 6 m³/h 时,要采取注浆堵水措施,注浆设计方案见 4.2 节。

5.1.2 主斜井暗挖基岩段断面及支护方案

（1）主斜井基岩段断面

主斜井断面基岩段断面为直墙半圆拱形,设计毛断面宽×高＝3 800 mm× 3 200 mm,净断面宽×高＝3 600 mm×3 000 mm。主斜井基岩段断面及支护如图 5-3 所示。

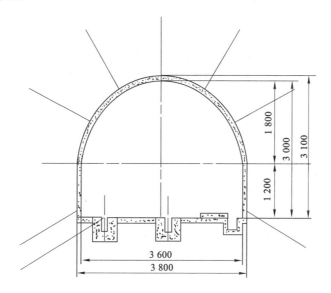

图 5-3 主斜井基岩段断面

（2）主斜井基岩段支护设计

主斜井基岩段（③～④段）为直墙半圆拱断面,巷道规格为 3.6 m×3.0 m,采用锚喷支护,参数为:喷 C20 混凝土,喷厚为 100 mm,树脂锚杆端头锚固,杆体为 ϕ20 mm 的 20MnSi 左旋无纵筋螺纹钢,长度为 1 800 mm,锚杆间排距为 800 mm,矩形排列,锚固力为 105 kN,每根锚杆采用 2 个 K2835 树脂药卷锚固和 150 mm× 150 mm×16 mm 的钢托盘,锚杆螺母为螺母与调整垫铁一体的螺母;巷道岩层破碎时全断面挂金属网,钢筋网采用 ϕ6 mm 钢筋编制而成,规格为 1 500 mm×

800 mm,网孔规格为 150 mm×150 mm,网片四面搭接长度为 100 mm,每隔 150 mm 用双股 12# 铅丝连接 1 道;巷道岩层较稳定时,可不挂金属网。

（3）躲避硐

躲避硐为直墙半圆拱断面,每 40 m 一个,规格为 1.2 m×1.8 m×0.7 m,采用喷浆支护,参数为:喷 C20 混凝土,喷厚为 50 mm。

（4）井筒设施

① 主斜井铺底,表土段先铺一层大砂,厚度为 100 mm,大砂之上采用 C25 混凝土铺底,加一层 HRB335 级钢筋,钢筋规格为 ϕ12 mm@250 mm,采用 20# 绑丝绑扎,搭接长度不少于 40 mm,钢筋保护层厚度为 50 mm,钢筋混凝土厚度为 400 mm;基岩段采用 C20 混凝土铺底,铺底厚度 100 mm。

② 水沟规格为 200 mm×250 mm,采用 C20 混凝土与铺底整体浇筑。

③ 台阶采用 C20 混凝土浇筑,宽度为 600 mm,与铺底整体浇筑。

5.1.3　主斜井与暗斜井搭接硐室断面及支护方案

（1）主斜井与暗斜井搭接硐室断面

主斜井与暗斜井搭接硐室断面为直墙半圆拱形,由于主斜井和主暗斜井的空间位置关系,该硐室也以 16°倾角布置,因此现以 3 个断面为例介绍硐室断面尺寸。设计 1—1 毛断面宽×高＝7 600 mm×7 800 mm,1—1 净断面宽×高＝7 400 mm×7 500 mm;设计 2—2 毛断面宽×高＝7 600 mm×4 300 mm,2—2 净断面宽×高＝7 400 mm×4 100 mm;设计 3—3 毛断面宽×高＝7 800 mm×8 000 mm,3—3 净断面宽×高＝7 400 mm×7 800 mm。搭接硐室平面图如图 5-4 所示,3 个断面及其支护分别如图 5-5～图 5-7 所示。

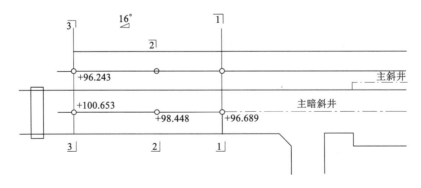

图 5-4　搭接硐室平面图

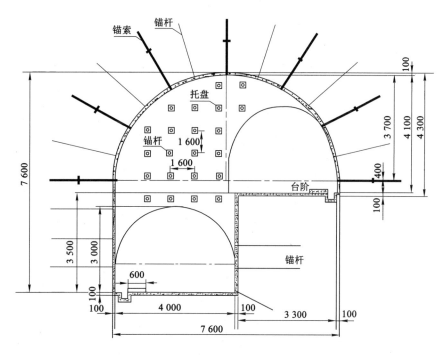

图 5-5 1—1 断面及支护图

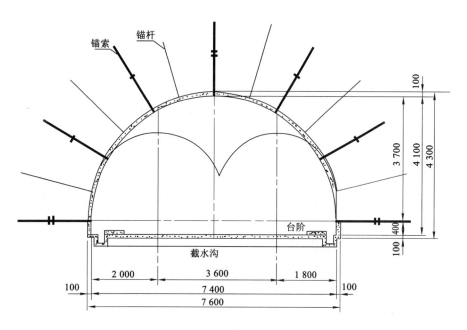

图 5-6 2—2 断面及支护图

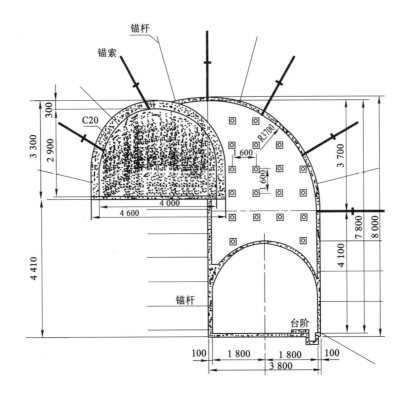

图 5-7 3—3 断面及支护图

（2）主斜井与暗斜井搭接硐室支护方案

① 支护方案

搭接硐室采用锚网喷＋锚索支护。先采用锚网喷支护，参数为：喷 C20 混凝土，喷厚为 50 mm，树脂锚杆端头锚固，杆体为 ϕ18 mm 的 20MnSi 左旋无纵筋螺纹钢，长度为 2 200 mm，锚杆间排距为 800 mm，交错布置，每根锚杆采用 1 个 K2835 树脂药卷锚固；锚索间排距为 1 600 mm，三花眼排列；挂 ϕ6 mm 钢筋网，网孔尺寸为 150 mm×150 mm，每隔 150 mm 用 12# 绑丝绑扎 1 道。锚索的支护参数为：锚索长 7 000 mm（施工时可根据实际情况进行调整，保证端头锚固在坚硬岩石之中），每根配 1 块 300 mm×300 mm×16 mm 的钢托盘和 1 块 150 mm×150 mm×16 mm 钢托盘，使用时小的托盘在外侧；锚索为 7 根直径为 7 mm 的钢丝组成的钢绞线，直径为 21.6 mm，低松弛级，强度级别为 1 860 MPa，破坏负荷不小于 530 kN；锚索的预紧力不小于 150 kN，其孔径为 28 mm，采用 CK2360、K2360、Z2360 药卷各 1 个。

② 基础设施

a. 主斜井和主暗斜井等标高处设置横向截水沟（见图 5-6），截水沟及其他水沟规格为 200 mm×250 mm，采用 C20 混凝土浇筑，铺底和壁厚为 100 mm。

b. 搭接硐室采用 C20 混凝土铺底，铺底厚度为 100 mm，铺底要与带式输送机基础同时施工。

c. 搭接硐室铺设 18 kg/m 钢轨，预埋钢筋混凝土轨枕，轨枕间距为 700 mm；台阶宽度为 600 mm，布置在轨道中间。

d. 施工搭接硐室前在主暗斜井上方打好密闭，密闭采用 C20 混凝土浇筑，墙厚为 500 mm，掏槽深度为 300 mm。

5.2   主斜井支护加固数值模拟分析

本节及 5.3 节运用 GEO5 岩土工程有限元分析软件对主斜井及搭接硐室进行分析，模型尺寸为 50 m×50 m（宽×高），主斜井、主暗斜井、搭接硐室按 5.1 节中的断面及支护参数模拟。分无支护和有支护两种工况进行模拟，应力场按自重应力施加，水平应力为垂直应力的 1.2 倍考虑。软件界面如图 5-8 所示。

图 5-8   GEO5 岩土工程有限元分析软件

5.2.1   表土段支护模拟分析

主斜井井口以下 66.283 m 范围内为表土层，巷道埋深为 0～28 m，表土主要为黄土及黄土砾石层（8 m）、砂质黏土层（15 m）。主斜井规格为 4.0 m×

3.0 m,采用直墙半圆拱断面,单层钢筋混凝土＋36U 型钢全断面支护,施工时先架设 U 型钢,然后浇筑钢筋混凝土。支护参数为:支架间距 750 mm,浇筑采用 C25 混凝土,钢筋混凝土支护的厚度 400 mm。

(1)垂直位移

图 5-9 为垂直位移模拟云图,由图可知:无支护时主斜井顶板下沉量为 71.2 mm,底鼓量为 74.4 mm,顶底板总移近量为 142.9 mm,两帮移近量为 12.4 mm。由于巷道处于砂质黏土层中,受地表水影响,不支护失稳危险性极大;支护后,巷道顶板仅下沉了 1.0 mm,底板中部 2 m 范围内向上鼓起,位移量平均为 3 mm,顶底板总移近量为 3.7 mm,两帮移近量为 0.8 mm,整个断面变形量极小。

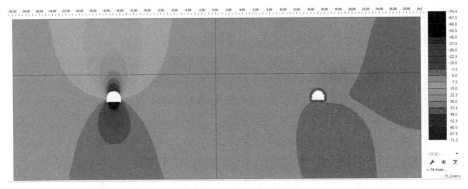

图 5-9　垂直位移模拟云图

(2)水平位移

图 5-10 为水平位移模拟云图,由图可知:无支护时巷道顶底板及两帮都受

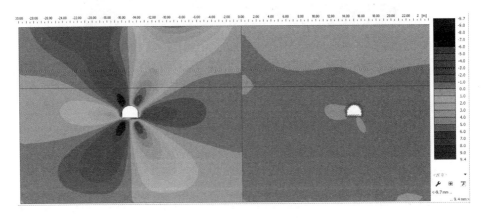

图 5-10　水平位移模拟云图

到水平方向的挤压变形,其中巷道上两角和下两角土体中的水平位移最大,平均达到了 7.5 mm,两帮表面水平位移为 4.5～7.0 mm;支护后,巷道围岩变形量很小,水平位移峰值小于 0.5 mm,基本维持原来的状态。

(3)垂直应力

图 5-11 为垂直应力模拟云图,由图可知:无支护时主斜井应力分布与一般情况相同,顶底板卸压,两帮应力集中,两帮垂直应力峰值为 1.52 MPa;支护后,主斜井周围土体基本保持原始应力分布状态。

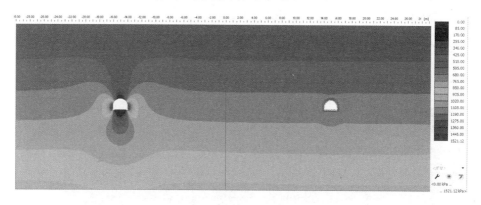

图 5-11 垂直应力模拟云图

(4)水平应力

图 5-12 为水平应力模拟云图,由图可知:无支护时,主斜井两帮和底板土体

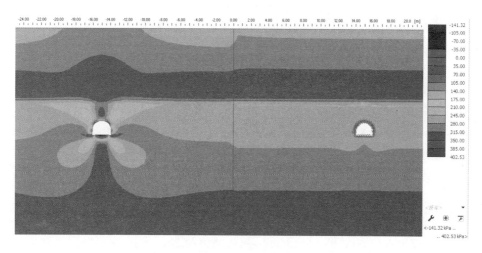

图 5-12 水平应力模拟云图

水平应力明显小于周围,两帮水平应力为 0.04~0.18 MPa,底板水平应力为
−0.14~0.2 MPa,顶底板深处及巷道两底角有水平应力集中,应力峰值为
0.4 MPa;支护后,主斜井水平应力基本维持原来的土压力状态,说明支护的作
用十分明显。

(5) 等效塑性应变

图 5-13 为主斜井等效塑性应变模拟云图,由图可知:无支护时主斜井的两
帮变形较为严重,塑性应变区域较大;采用支护后,主斜井的塑性应变区域得到
了有效控制,围岩中的塑性破坏较小,近似可忽略不计。

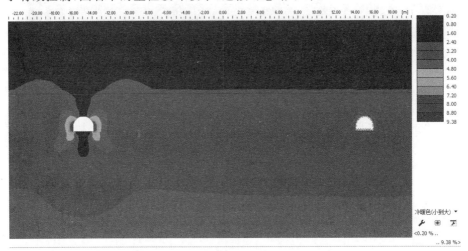

图 5-13　主斜井等效塑性应变模拟云图

5.2.2　基岩段支护模拟分析

主斜井该段位于基岩中,围岩为砂质页岩,埋深为 +95 m~+135 m。巷道
断面为直墙半圆拱,规格为 3.6 m×3.0 m,采用锚喷支护,参数为:喷 C20 混凝
土,喷厚为 100 mm,树脂锚杆端头锚固,杆体为直径 20 mm 的 20MnSi 左旋无
纵筋螺纹钢,长 1 800 mm,锚杆间排距为 800 mm,矩形排列,锚固力为 105 kN。
现将已支护巷道与无支护巷道进行模拟对比,结果如下。

(1) 垂直位移

图 5-14 为垂直位移模拟云图,由图可见:未支护时主斜井顶底板垂直位移
较大,顶板垂直位移峰值为 29.1 mm,底板峰值为 22.1 mm;主斜井主要对顶板
及两帮进行了锚杆加强支护后,顶板垂直位移量大大减小,拱顶部位移峰值为

15 mm；底板未进行专门支护，垂直位移量减小不明显。

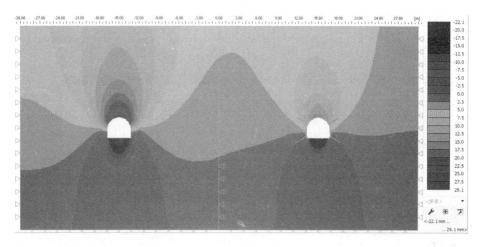

图 5-14　垂直位移模拟云图

（2）水平位移

图 5-15 为水平位移模拟云图，由图可知：无支护时主斜井两帮横向位移较大，两帮位移峰值为 25 mm 左右；采取支护后，主斜井两帮变形较为均匀，平均位移为 10 mm 左右，位移量减小了 60％。

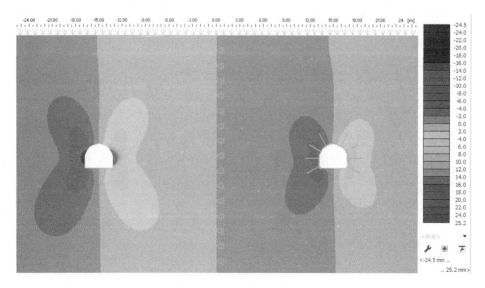

图 5-15　水平位移模拟云图

（3）垂直应力

图 5-16 为垂直应力模拟云图，由图可见，无支护条件下，主斜井顶底板围岩大面积卸压，两帮浅部围岩垂直应力降低，为 0.6～0.7 MPa。两帮围岩深处垂直应力集中，应力峰值达 1.99 MPa，距离巷道表面约 1.8 m。

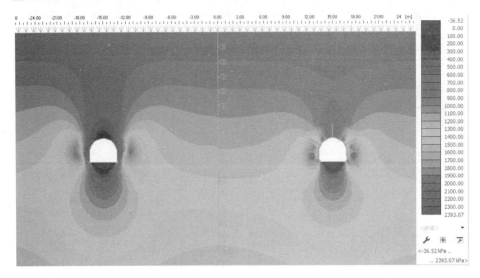

图 5-16　垂直应力模拟云图

支护后，主斜井拱顶部卸压区基本消失，顶板围岩承载力增强；两帮集中垂直应力峰值达到 2.4 MPa，应力集中区向围岩表面移近约 1 m，垂直应力集中区发生分散转移，集中在锚固强度高的区域；底板垂直应力变化不明显。

（4）水平应力

图 5-17 为水平应力模拟云图，由图可知，无支护时主斜井两帮存在卸压区，顶部和底板深处存在水平应力集中，集中区距顶板 1.8 m、距底板 3.0 m。

支护后，主斜井顶板和两帮围岩水平应力变化较大。顶板锚固区内整体应力集中，水平应力峰值为 1.18 MPa，两帮卸压区明显缩小，卸压区外侧也有应力集中，说明巷道支护后承载能力有很大提高。

（5）塑性应变

图 5-18 为塑性应变模拟云图，由图可知：主斜井无支护时两帮全部发生塑性变形，下部变形破坏较为严重；支护后，主斜井只有两帮及底角锚杆之间有微小的塑性应变。

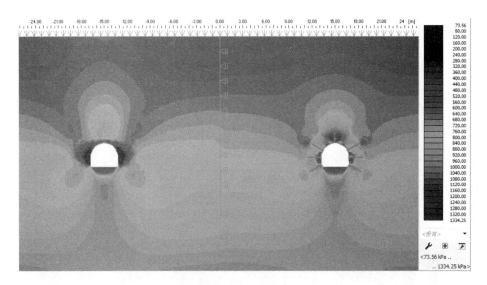

图 5-17 水平应力模拟云图

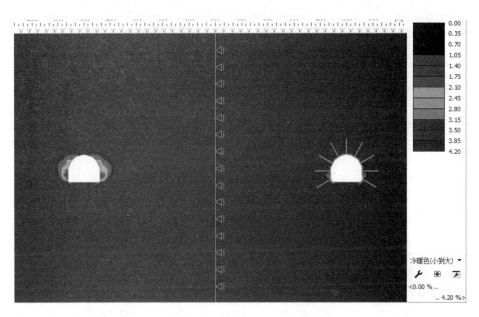

图 5-18 塑性应变模拟云图

5.3 "之"字形搭接硐室支护模拟分析

"之"字形搭接硐室的数值模拟选择图 5-5～图 5-7 所示 3 个断面,模拟搭接硐室无支护和采用前述支护后硐室围岩应力场、位移场、破坏场分布规律。

5.3.1 搭接硐室 1—1 断面支护模拟分析

(1)垂直位移对比分析

该断面的主暗斜井巷道位于左下角,主斜井巷道位于右上角,两巷道的垂直位移量分布如图 5-19 所示。

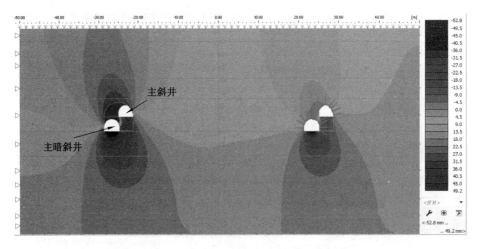

图 5-19　1—1 断面垂直位移对比云图

由图 5-19 可知:无支护时巷道垂直变形量较大,围岩中变形最大部位集中在主暗斜井顶板和主斜井左帮,达到 36～49 mm,整个搭接大硐室顶部的位移量约为 30 mm,主暗斜井底板底鼓达到 30～50 mm,而主斜井底板位移量则相对很小,仅有 15 mm 左右。主暗斜井右上帮角与主斜井左下底角是两个巷道之间最为薄弱的部位,此处出现弧形滑移剪切面,左侧围岩向下移动,右侧围岩向上移动,位移差量为－18～＋30 mm,中间存在零位移点。

考虑到下部主暗斜井巷道的右上方顶板有向下剪切滑移失稳的趋势,应对该处顶板重点支护,限制其垂直位移。对主暗斜井顶板和主斜井左上方顶板进行锚网索及注浆加固后,两巷顶板位移量大大减小,基本控制在 17～20 mm,下巷主暗斜井底板位移为 30～40 mm。两巷滑移剪切面位移差值也控制在了 ±10 mm 范围内。

（2）水平位移对比分析

图 5-20 为 1—1 断面水平位移对比云图，由图不难看出，无支护时斜井两帮横向变形严重，水平位移量达到 20～40 mm，该区域呈"月牙形"，最深处将近1.0 m。主暗斜井右帮和主斜井底板交叉的矩形区域内水平位移量也较大，为15～18 mm，位移等值面近似平行于下巷的右帮面，该区域的变形直接影响巷道右帮的稳定性。因为巷道开挖后表面围岩临空面在高应力条件下首先发生变形，为深部围岩让出了变形空间，而后深部围岩在地应力作用下逐层发生破坏变形，进一步威胁巷道浅部围岩的稳定，所以应加强该矩形区域内围岩的承载性能和抗水平变形能力。另外，上巷主斜井右帮也出现了小范围"月牙形"水平位移区，但位移量控制在 20 mm 以内。

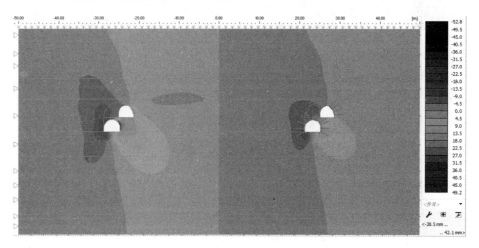

图 5-20　1—1 断面水平位移对比云图

支护加固后，主暗斜井和主斜井围岩变形量大大减小，下巷主暗斜井两帮围岩最大水平位移约为 10 mm，上巷主斜井右帮最大水平位移为 7 mm，上述矩形区域内水平位移平均为 7.5 mm。

（3）垂直应力对比分析

图 5-21 为 1—1 断面垂直应力分布对比云图，由图可知：无支护时巷道顶板和底板大范围内出现垂直应力卸压区，该区域的垂直位移量也较大，分别在下巷主暗斜井左侧和上巷主斜井右侧出现垂直应力集中区，距离巷壁 1.5 m 左

右,上部集中应力达到 4.47 MPa,下部集中应力为 3.67 MPa,下部集中应力小与主暗斜井上部的大范围卸压有关。

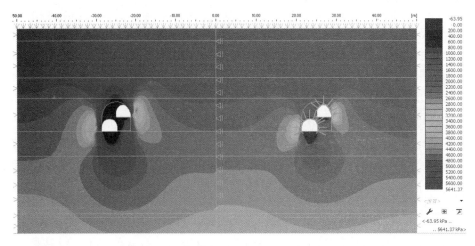

图 5-21　1—1 断面垂直应力分布对比云图

巷道在支护后,由于顶板锚杆的作用,顶部卸压区范围明显减小,该区域内围岩应力升高,承载能力加强;底板无支护区域卸压区范围变化不大;巷道两侧原应力集中区范围有所缩小,但应力集中度稍有增大,应力峰值分别为4.7 MPa 和 4.0 MPa。在上巷主斜井左下帮角有高垂直应力集中,范围很小,但应力峰值达到 5.6 MPa。

（4）水平应力对比分析

图 5-22 为 1—1 断面水平应力分布对比云图,由图可知:无支护时斜井的两帮均出现大范围的水平应力卸压区,卸压区内围岩出现水平位移,将应力释放;支护后围岩松弛卸压区大范围减小,仅仅在两巷的底板和两帮小区域内卸压,斜井围岩变形量减小,应力承载性能得到提高。

（5）等效塑性应变对比分析

图 5-23 为 1—1 断面斜井围岩等效塑性应变对比云图,由图可知,无支护时主暗斜井两帮较大范围出现不同程度的塑性应变,其中右帮顶破坏区与主斜井左帮角的薄弱滑移剪切面相互叠加,导致该区域塑性破坏较为严重。

支护条件下,主斜井和主暗斜井出现塑性破坏的区域基本消失,仅仅在两斜井滑移剪切面处以及下巷主暗斜井底角无支护区存在 3 处塑性区,但其范围很小。

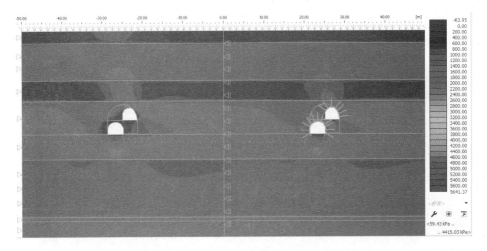

图 5-22 1—1 断面水平应力分布对比云图

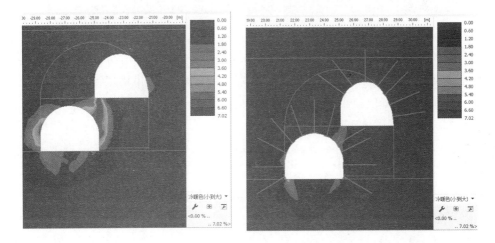

图 5-23 1—1 断面斜井围岩等效塑性应变对比云图

5.3.2 搭接硐室 2—2 断面支护模拟分析

该断面为主斜井与主暗斜井水平汇合面,形成一个两巷并行相通的大跨度巷道,该部位硐室顶板悬露面积大,支护比较困难。本工程对顶板进行了锚网喷＋锚索支护,模拟结果如下。

（1）垂直位移对比分析

图 5-24 为 2—2 断面垂直位移对比云图,由图可知,无支护时硐室顶板和底

板都发生了较大的竖向位移,顶板弧面整体下沉,垂直位移峰值为 61.4 mm,底板向上鼓起,底鼓量为 51.7 mm,顶底板移近量为 111.9 mm,两帮无明显竖向位移。

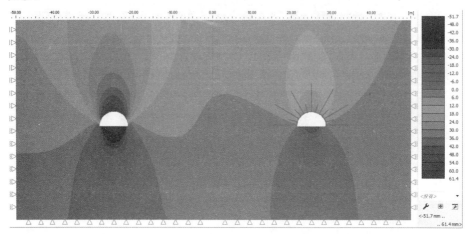

图 5-24 2—2 断面垂直位移对比云图

该大跨度硐室在进行了锚杆+锚索的联合支护后,硐室围岩得到了很好的控制,顶板位移峰值减小为 29.8 mm,底板位移峰值减小到 29.7 mm。

(2) 水平位移对比分析

图 5-25 为 2—2 断面水平位移对比云图,由图可知:无支护时硐室两帮水平位移量最大,最大值达到约 22 mm,但变形区范围较小,仅限于深度小于 1.0 m

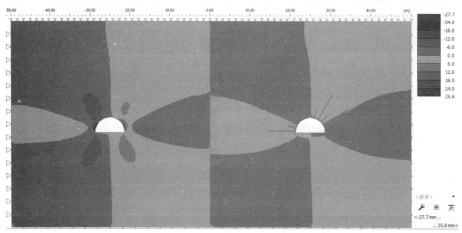

图 5-25 2—2 断面水平位移对比云图

的区域内,硐室围岩有向硐室中心挤压位移的趋势;支护后,硐室浅部围岩变形得到了有效控制,硐室围岩仅发生微小均匀的位移,不存在位移量突变破坏区域。

（3）垂直应力对比分析

图 5-26 为 2—2 断面的垂直应力分布对比云图,由图可知,无支护时硐室两帮围岩深部 1.5 m 处有垂直应力集中,应力峰值约为 4.3 MPa,应力集中区呈"双耳"状分布,巷道正上方和正下方长椭圆区域内垂直应力松弛,顶板表面应力最小值为 0.13 MPa,底板表面最小应力为 −0.06 MPa。顶板和底板承载力低,经应力重新分布,垂直应力转移至巷道两帮,顶板和底板围岩有失稳危险性。

采用支护后,硐室两帮应力集中区向围岩表面移动,应力峰值达到 8.6 MPa,是无支护巷道的 2 倍。这是由于锚杆的锚固作用提高了浅部围岩强度和承载力,应力集中区更加靠近围岩表面,围岩变形量减小,使其无法释放。两帮围岩变形减小和顶板锚杆锚索的拉力也使顶板松弛卸压区变窄变矮。底板没有进行支护,其应力松弛区变化不大。

图 5-26　2—2 断面垂直应力分布对比云图

（4）水平应力对比分析

图 5-27 为 2—2 断面的水平应力分布对比云图,由图可知,无支护时硐室表层围岩水平应力明显低于深部围岩,形成低应力圈,在硐室顶底板及两帮深部则出现水平应力集中。分析认为原因有:硐室埋深较浅,水平应力不高,浅层围岩处于临空面易发生变形,应力得到释放,而较深处围岩在围压下承载力较高,水平应力不足以使其变形移动,硐室两侧水平应力就集中于两帮深处,而顶底

板深处围岩同时向中部挤压使上下水平应力在此部位集中。

硐室采取支护后,表层围岩受到变形限制,无法释放应力,因此低应力区也就消失了。硐室两侧在横向锚索的支护作用下,使水平应力集中在了锚索的锚固区内。

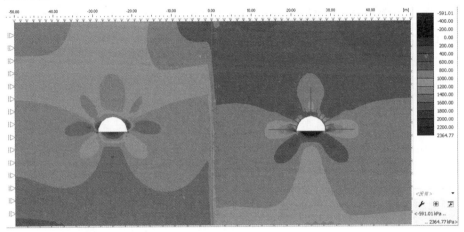

图 5-27　2—2 断面水平应力分布对比云图

（5）塑性应变对比分析

图 5-28 为 2—2 断面塑性应变对比云图,由图不难看出,无支护时巷道两帮"月牙形"区域出现塑性变形破坏,破坏形式为受拉破坏;而锚杆锚索支护巷道全断面无塑性破坏。

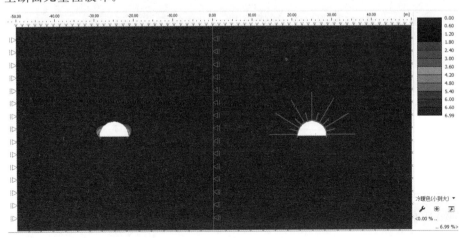

图 5-28　2—2 断面塑性应变对比云图

5.3.3　搭接硐室 3—3 断面支护模拟分析

3—3 断面中主斜井与主暗斜井位置镜像交换,除上下两巷的开挖顺序不同外,巷道相对位置大致与 1—1 断面一致,应力应变规律也与 1—1 断面相似。其模拟结果如下。

(1)垂直位移对比分析

图 5-29 为 3—3 断面垂直位移对比云图,由图可知,无支护时硐室上巷主暗斜井右半部分和下巷主斜井左半部分变形严重,变形不规则,两巷顶底板位移相互叠加,使两巷顶底板大范围内垂直位移量都比较大。其中,上巷变形区偏右,右侧顶板垂直位移达到峰值 56.4 mm,右侧底板底鼓峰值为 43.7 mm,右帮面与底板面受压接合,右帮角消失;下巷变形区偏左,左侧顶板垂直位移峰值为 53.7 mm,左侧底板底鼓峰值为 39.6 mm,左顶角位移量突变,出现剪切面,形成"豁口"形状。上巷右下角与下巷左上角的近竖直连线两侧岩体位移方向相反,中间为零位移线。此处也出现了 1—1 断面中的滑移剪切面,应采取重点应对措施,该软弱危险面直接影响两巷的稳定性。

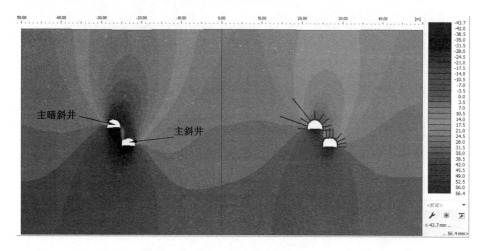

图 5-29　3—3 断面垂直位移对比云图

硐室采取支护后变形明显减小,大变形范围大大缩小,以上顶底板位移叠加区相互分离,上巷和下巷的偏移变形现象减弱。上巷顶板垂直位移峰值为 38.9 mm,底板底鼓峰值为 30.5 mm;下巷垂直位移峰值为 32 mm,底板底鼓峰值为 33 mm。滑移剪切面两侧的位移差量也大大减小。

（2）水平位移对比分析

图 5-30 为 3—3 断面水平位移对比云图，由图可知，无支护状态下的上下两巷的两帮半圆区域内均出现了较大的横向变形，上巷两帮水平位移峰值分别为 26 mm 和 28 mm，下巷左帮水平位移峰值为 13 mm，右帮水平位移峰值为 26.8 mm。两巷右上方 45°方位围岩出现大范围向左侧的水平位移，位移量约为 11.5 mm，左下方则出现向右侧的水平位移，位移量约为 10.5 mm。

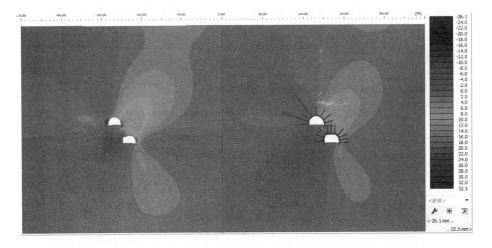

图 5-30　3—3 断面水平位移对比云图

硐室支护后各部分水平位移量均大大减小，主斜井两帮水平位移量为 4～10 mm，右上方和左下方位移区的水平位移量减小为原来的 1/2。

（3）垂直应力对比分析

图 5-31 为 3—3 断面垂直应力分布对比云图，由图可知，无支护时主斜井及主暗斜井的垂直应力分布为：两巷顶底板均出现卸压区，上巷左侧和下巷右侧深部围岩出现"耳朵状"垂直应力集中区，应力峰值约为 4.6 MPa，两巷中间垂直应力等值线为螺旋状，分析为滑移剪切面所致。

经过支护后，垂直应力分布的变化为：顶板锚杆的支护使两巷顶板卸压区范围大大减小，承压能力增强；斜井两侧的应力集中区紧紧贴近巷壁，应力峰值提高到 5.6 MPa，这是由于两帮锚杆加强了两帮围岩强度和承载力；沿滑移剪切面出现应力集中现象，分析是由于上巷右帮锚杆和下巷左帮锚杆限制了剪切面的滑动趋势，下巷顶板锚杆减小了沿该弱面的剪切力，剪切面的变形量减小而使垂直应力在此处集中。

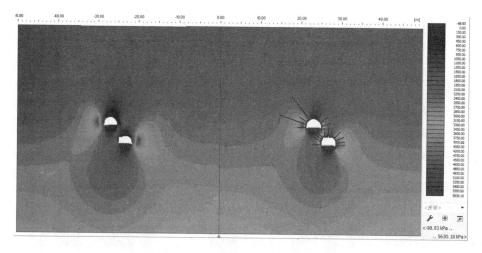

图 5-31　3—3 断面垂直应力分布对比云图

（4）水平应力对比分析

图 5-32 为 3—3 断面水平应力分布对比云图，由图可见，在无支护状态下，主斜井和主暗斜井两帮出现大范围卸压，水平应力集中不明显。

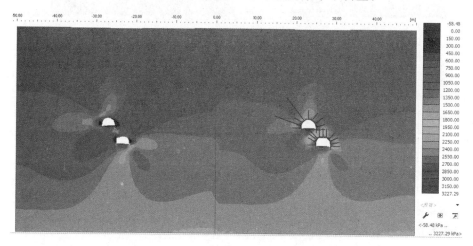

图 5-32　3—3 断面水平应力分布对比云图

在两巷锚杆的锚固支护下，两巷两帮卸压区基本消失，说明两帮承载力有了很大提升，可以有效控制巷道的横向变形。两巷之间垂直剪切面的长椭圆范围内出现水平应力集中，分析是下巷顶板和左帮锚杆加固作用的结果，该区域的高水平应力增大了滑移剪切面的摩擦力，有利于减小剪切面滑动，维持巷道自稳。

（5）塑性应变对比分析

图 5-33 为 3—3 断面塑性应变对比云图,由图可知,在无支护状态下,两巷沿滑移剪切面出现较大的塑性应变,上巷下底角和下巷上顶角产生破坏,上巷左帮和下巷右帮也有不同程度的塑性变形。

对硐室、主斜井、主暗斜井进行支护后,除在上巷右下底角处有微小的塑性变形,全断面未发现塑性破坏。

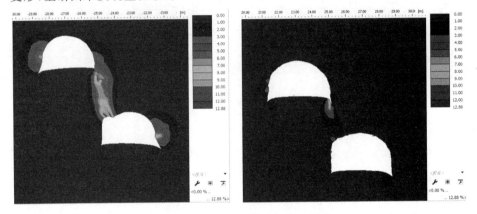

图 5-33　3—3 断面塑性应变对比云图

5.4　富水地层主斜井围岩控制机理

5.4.1　斜井支护结构与围岩之间的作用原理

目前,对支护结构与围岩的相互作用有许多理论来说明其作用机理,尤其以收敛限制线法原理得到的围岩特性曲线和支护特性曲线能形象地说明支护结构与围岩体的相互作用,原理如图 5-34 所示。

图 5-34 中纵坐标表示限制围岩变形所需提供的压力,也表示支护结构的有效压力,横坐标表示斜井围岩的径向变形量。图中 $p_1 - p_4$ 表示支护结构作用到围岩体上的径向约束压应力的反作用力,也是围岩作用于支护上的压应力。U_0 和 U_0' 表示围岩产生的初始变形量,$U_4 - U_1$ 表示当支护结构与围岩完全接触时,围岩产生的变形量。

由特性曲线可见,围岩在起始阶段呈线弹性变化,达到一定变形量时,开始

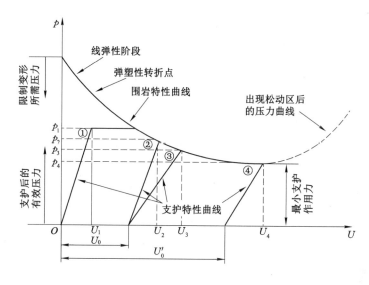

图 5-34　支护结构与围岩作用原理图

伴随出现塑性变形,直至出现松动区,在此期间,围岩需要提供的确保其稳定的约束反力呈逐渐下降趋势,直到达到最小的约束作用力。当岩体开始出现松动区时,说明围岩体已开始破坏,这时要确保围岩体的稳定,就需要提供越来越大的约束作用力。

图 5-34 中曲线①表示假定在斜井受到扰动的情况下就采取支护措施,虽然支护结构强度很高,能承担很高的压力 p_1,但由于围岩在初始变形阶段释放的能量较少,因而会有大部分的能量需要由支护结构来承担,而支护结构还不能满足其稳定要求,这时,支护结构就将因变形过大而遭到破坏。曲线②和③表示当围岩释放一定的能量 U_0 后,采用不同刚度的支护结构进行支护的情况。对于曲线②,由于采用的支护结构刚度较大,虽然限制了围岩体产生较大的变形,但也同时为此付出了相应的代价,限制了支护结构强度的提高。而对于支护特性曲线③,当产生与 U_0 同样的初始变形后,不是一味地加大支护结构的刚度来确保围岩的稳定,而是控制围岩变形发展在一定的范围内,适当地减小支护结构的刚度,从而既保证了围岩的稳定,又不用采用强度较高的支护结构,达到了优化支护的目的。由此可知,即使在相同的时间采取支护措施,如果采用的材料性能不同,最终围岩达到的稳定平衡状态也是不同的。曲线④表示当围岩变形量达到 U'_0 时再采取支护措施,这使得支护结构的刚度不是很大,又恰能使支护结构承受围岩体稳定所需的最小支护阻力 p_4,同时也达到了围岩允许的

最大收敛位移量 U_4，这就是对围岩进行一次支护实施的最佳时机。如果当支护结构提供的约束压力低于 p_4 时，围岩就会开始出现松动区，随着松动区的发展，围岩开始掉块、塌方，直到达到新的自身稳定。

以上对围岩体与支护结构相互作用的分析表明，围岩体在采取支护措施时，不仅要考虑支护结构的强度和刚度，而且还要考虑时机。支护时间的选择对其稳定性有很大的影响，适宜的支护时间将使支护结构承受的应变能既不是很大也不能最小，围岩的应变能则保持相对稳定，达到既保证支护稳定，又降低工程造价的效果。

斜井的支护结构体系一般主要是由初期支护及二次衬砌等构成。斜井开挖后，除围岩完全能够自稳而无须支护外，在围岩稳定能力不足时，则须加以支护才能使其进入稳定状态，称为初期支护。初期支护是保证斜井在施工期间稳定和安全的工程措施，主要指采用锚杆、钢支撑及喷射混凝土等来支护围岩，这是现代斜井工程中最常见也是最基本的支护形式和方法。初期支护施作后即成为永久性承载结构的一部分，与围岩共同构成了永久的斜井工程结构承载体系。考虑到斜井投入使用后运营年限很长久，设计时一般采用混凝土或钢筋混凝土再做二次衬砌，以保证斜井永久稳定、安全。

5.4.2 喷射混凝土作用机理

（1）支撑作用

由于喷射混凝土具有良好的物理力学性能，特别是抗压强度高，因此能起到支撑围岩的作用。又因其中掺有速凝剂，使混凝土凝结快，早期强度高，可紧跟掘进工作面作业，起到及时支撑围岩的作用，从而有效控制围岩变形与破坏。

（2）充填作用

由于混凝土的喷射速度较高，能充分地充填围岩的裂隙、节理和凹陷的岩面，大大提高了围岩的强度。

（3）隔绝作用

喷射混凝土层封闭了围岩表面，完全隔绝了空气、水与围岩的接触，能有效地防止风化、潮解引起的围岩破坏与剥落。同时，由于围岩裂隙中充填了混凝土，使裂隙深处原有的充填物不致因风化作用而降低强度，也不致因水的作用而使原有充填物流失，使围岩得以保持原有的稳定和强度。

（4）转化作用

高速喷射到岩面上形成的混凝土层，具有很高的黏结力和较高的强度，混凝土与围岩紧密结合,能在结合面上传递各种应力,再加上充填隔绝作用的结果,提高了围岩的稳定性和自身的支撑能力,因而使混凝土层与围岩形成了一个共同工作的力学统一体,具有把岩石荷载转化为岩石承载结构的作用。

5.4.3 喷层力学作用机理

(1)防护加固围岩、提高围岩强度

喷混凝土支护结构通过及时封闭岩层表面的节理、裂隙,填平或缓和表面的凹凸不平,使主斜井内轮廓较为平顺,从而提高节理裂隙间的黏结力、摩擦阻力和抗剪强度,减少应力集中现象的出现;防止岩层表面风化、剥落、松动、掉块和坍塌的产生,避免裂隙中充填物流失,防止围岩强度降低,使围岩稳定下来,发挥围岩体的自承能力;高压高速喷射混凝土时,可使一部分混凝上浆液渗入张开的裂隙或节理中,起到胶结和加固作用,提高围岩强度。

(2)实现围岩的卸载作用

首先,由于喷层属柔性,能有控制性地使围岩在不出现有害变形的前提下,产生一定程度的塑性,也能使喷层中的弯曲应力减小,有利于混凝土承载力的发挥;其次,通过喷层将外力传给锚杆、网架等,使支护结构均匀分担受力。

5.4.4 锚杆力学作用机理

锚杆支护对保持斜井围岩的稳定性有重要的作用。其作用是保持开挖面和洞壁面的稳定,另外,对危险岩块和层状围岩起到悬吊和加固作用。从理论上来讲,则是限制围岩变形过大,并形成承载拱圈,使围岩一体化后处于三维应力状态。围岩性质不同,锚杆支护的作用机理也不同。对于中等强度以上的围岩,锚杆的作用主要是支护危石,以及加固围岩;对软弱围岩则主要是加固围岩、锚杆支护。加固围岩是指对围岩提供支护,使其抗张拉能力及抗剪切能力满足安全要求。采取锚杆支护加固围岩的机理,是提高围岩强度,使围岩原有的承载力可充分发挥作用。

由于锚杆是直接作用在复杂多变的岩体上的,这给锚杆力学行为及锚固作用原理的观测和研究带来了很大的困难,现有的多数有关锚杆支护作用和效果的试验都是在限定条件下和理想化的基础上进行的。锚杆有以下几种锚固作用机理。

(1)悬吊作用

若斜井表面围岩存在不稳定的岩层或危石,锚杆可以将其悬吊在深部稳定围岩上,防止其离层滑落。锚杆本身受拉,其拉力即为所悬吊岩体的重量,如图 5-35 所示。在块状结构或裂隙岩体中,使用锚杆可将松动区内的松动岩块悬吊 在稳定的岩体上,也可把节理弱面切割形成的岩块连接在一起,阻止其沿滑面 滑动,这种作用称为悬吊作用。

（2）减跨作用

斜井开挖后,斜井的拱顶可近似为拱或梁结构,系统设置的锚杆联结深部 稳定岩体,通过锚杆本身将径向压力传给拱顶围岩,相当于给拱顶岩体增设了 较多的支点,最终起到减跨作用,如图 5-36 所示。目前,大断面地下工程越来越 多,地下洞室的跨度也相应地增大,这种作用将体现得越来越突出。

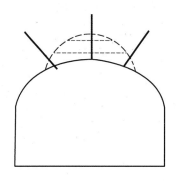

图 5-35　悬吊作用

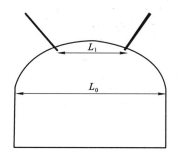

图 5-36　减跨作用

（3）组合梁作用

在层状岩层中打入锚杆,将若干薄岩层锚固在一起,类似于将叠置的板梁 组成组合梁,从而提高了顶板岩层的自支承能力,起到维护地下硐室稳定的作 用,这种作用称为组合梁作用。另一方面,深入围岩内部的锚杆,由于围岩变形 使锚杆受拉,或在预应力作用下锚杆内受力,这样相当于在锚杆的两端施加一 对压力。由于这对力的作用,使沿锚杆方向一个圆锥体范围的岩体受到控制。 这样按一定间距排列的多根锚杆的锥体控制区连成一个拱圈控制带,这就是组 合拱。组合拱间的围岩相互挤压相当于天然的拱碹,从而起到维护围岩的作 用,如图 5-37 所示。

（4）挤压加固作用

预应力锚杆群锚入围岩后,其两端附近岩体会形成圆锥形压缩区,见图 5-38。按一定间距排列的锚杆,在预应力的作用下,构成一个均匀的压缩带（承

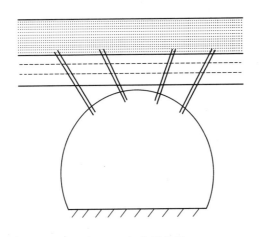

图 5-37　组合梁作用

载环),压缩带中的岩体由于预应力作用处于三向应力状态,显著地提高了围岩的强度。锚杆的约束力使围岩锚固处径向受压,从而提高了围岩的强度。

锚杆支护作用机理较为复杂,除了上述支护作用机理外,还有组合拱作用等。在实际工程中上述锚杆的支护作用机理并非孤立存在,通常是多种作用机理复合,只是在特定的工程条件下,某种或某几种作用起到主导作用。

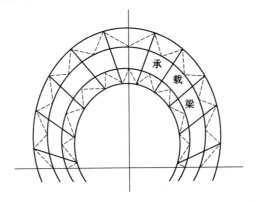

图 5-38　挤压加固作用

5.4.5　钢支撑作用机理

斜井开挖后围岩的自稳时间很短,而喷射混凝土、锚杆不能及时提供足够的支护抗力,为了维持围岩的稳定和保证主斜井的设计断面,这时往往须采用钢支撑进行支护,以保证在开挖后的短时间内就给围岩强有力的支护。钢支撑的作用机理有:① 钢支撑的强度和刚度较高,安装后就能立即承受较大的围岩变形压力和松动压力;② 钢支撑施工快速方便,在短时间内就给围岩强力支护,对软弱围岩变形控制起到了至关重要的作用,防止斜井围岩变形过大发生破坏;③ 钢支撑能按照斜井设计断面制作,其强力支护保证了设计断面尺寸要求,围岩的稳定性和施工安全性也大大提高。

5.4.6　钢筋网作用机理

(1) 防止收缩裂缝出现或减少裂缝数量以及限制裂缝宽度;

(2) 使喷射混凝土应力分布均匀,增强锚喷支护的整体性,防止围岩局部破坏;

(3) 提高喷射混凝土的承载能力,主要表现在提高喷射混凝土抗剪和抗拉能力两方面;

(4) 增强喷射混凝土的柔性,改变其变形性能;

(5) 提高支护的抗动载能力。

5.5　主斜井围岩控制效果

在主斜井内表土段设置了 2 个观测断面(测点一、测点二)和在基岩段设置了 2 个观测断面(测点三、测点四),观测围岩变形,结果分别如图 5-39 和图 5-40 所示。通过分析数据得出如下结论:

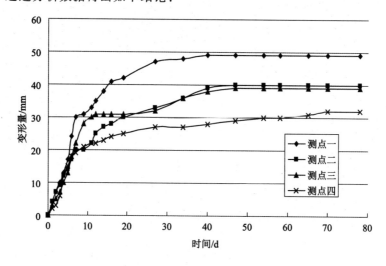

图 5-39　两帮变形曲线图

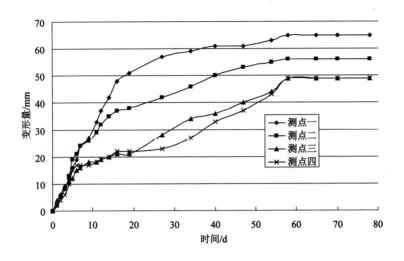

图 5-40 顶板下沉曲线图

（1）主斜井两帮最终变形在 32～49 mm,顶板下沉量在 49～65 mm,底板基本未发生变形。结果表明达到了有效控制围岩的目的。

（2）通过统计主斜井顶板和两帮变形速度发现主斜井一周以内围岩变形较剧烈,7～40 d围岩变形速度减缓,以后趋于稳定;主斜井顶板 16 d 以内变形较剧烈,16～40 d 变形速度减缓,以后趋于稳定。

6 主斜井扩能运输、安装技术

6.1 原主井提升、运煤系统概况

羊东矿主井绞车为 2JK-3/20E 型提升机,电动机功率 710 kW,最大提升速度为 6 m/s,提升一次循环时间为 65 s;箕斗容量为 5 t,每小时提升 50 勾(均数)。按每日运行 20 h,全年按照 300 d 运行,主井全年提升能力为 150 万 t。

$$主井全年提升能力=箕斗容量×每小时勾数×日运行时间×全年天数$$
$$=5×50×20×300=150(万\ t)$$

2002 年开始施工的扩大区竣工后,矿井的年生产能力扩大到 175 万 t。

6.2 "之"字形主斜井内带式输送机布置方案

6.2.1 运输布置方案

羊东矿主斜井贯通后,根据矿井实际情况,将原来主斜巷道与地面贯通,在贯通点与原来地面运输卸载点之间建造皮带走廊,如图 6-1 所示。在贯通的主斜井和新建的皮带走廊安设两部设计能力为 450 t/h 的带式输送机,实现由立井运输技改为带式输送机运输,以解决运输能力不足的问题。改造后整个运煤系统能力达到 450 t/h,实现了出煤系统能力与生产能力相匹配。

6.2.2 带式输送机选型设计

依据设计方案,对主暗斜井及主斜井带式输送机进行选型和计算,选择的两部输送机均为 DTL100/45/280 型带式输送机。主暗斜井带式输送机具体技

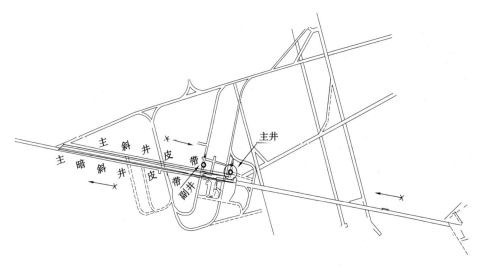

图 6-1 斜井皮带布置

术特征参数见表 6-1,主斜井带式输送机具体技术特征参数见表 6-2。

表 6-1 主暗斜井带式输送机技术特征

序号	名称		单位	规格	数量
1	输送物料			原煤	
2	物料堆积密度		kg/m³	900	
3	输送能力		t/h	450	
4	带速		m/s	2	
5	输送机长度		m	330	
6	输送机倾角		(°)	0~16	
7	胶带	型号		PVG1600 阻燃	690 m
		宽度	mm	1 000	
		强度	N/mm	1 600	
8	电动机	型号		YBK2-355L1-4	1 台
		功率	kW	280	
		转速	r/min	1 480	
		电压	V	660/1 140	
9	减速器	型号		X3KS230	1 台
		速比		48	

表 6-1(续)

序号	名称	单位	规格	数量
10	制动器		BYW5-500/201	1 台
11	液压拉紧装置		ZYJ-250/16.5D-B-20/150	1 台

表 6-2　主暗斜井带式输送机技术特征

序号	名称		单位	规格	数量
1	输送物料			原煤	
2	物料堆积密度		kg/m³	900	
3	输送能力		t/h	450	
4	带速		m/s	2	
5	输送机长度		m	325	
6	输送机倾角		(°)	0～16	
7	胶带	型号		PVG1250 阻燃	690 m
		宽度	mm	1 000	
		强度	N/mm	1 250	
8	电动机	型号		YBK2-355L1-4	1 台
		功率	kW	280	
		转速	r/min	1 480	
		电压	V	660/1 140	
9	减速器	型号		X3KS230	1 台
		速比		48	
10	制动器			BYW5-500/201	1 台
11	液压拉紧装置			ZYJ-250/16.5D-B-20/150	1 台

6.2.3　主暗斜井与主斜井皮带搭接设计

由于主斜井皮带与主暗斜井皮带是近平行皮带,采用了新式自溜装置将两部带式输送机连接起来。主斜井与主暗斜井皮带搭接见图 6-2,由图可见,主暗斜井的输送机机头在主斜井皮带机尾的斜上方,这样可以通过两部带式输送机之间的自溜装置实现煤流正常转载,自溜转载设计如图 6-3 所示。

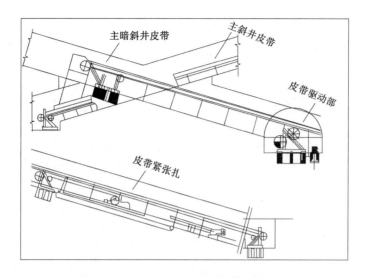

图 6-2　主暗斜井与主斜井煤流运输示意图

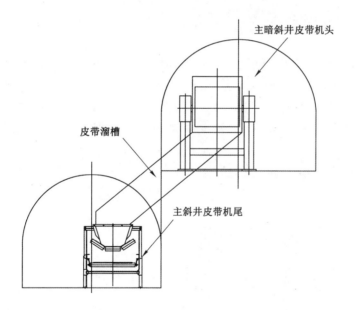

图 6-3　主暗斜井与主斜井煤流自溜转载设计示意图

6.2.4　主暗斜井与主斜井皮带现场形态

图 6-4 所示为两部带式输送机装备形态,其现场运行情况良好。

（a）主斜井机头滚筒 　　　　　　　　（b）主斜井机头皮带

（c）主斜井机头皮带 　　　　　（d）主斜井机尾与主暗斜井机尾

（e）煤自溜装置 　　　　　　（f）搭接硐室内开关等机电设备

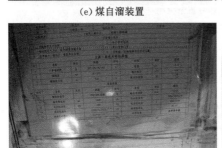
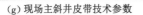

（g）现场主斜井皮带技术参数 　　　（h）现场主斜井皮带技术参数

图 6-4　主暗斜井和主斜井皮带运行状态

6.3 主斜井带式输送机搭接优化设计

6.3.1 主斜井皮带(一部皮带)机头位置优化设计

(1) 主斜井皮带机头设计

一般情况下,斜井运输或者井下巷道皮带运输均是将皮带的驱动设备布置在皮带机头处。本项目综合考虑以下几个方面:

① 在主立井附近施工不太安全。

② 主立井原给煤机系统高度为9 m,本设计考虑继续使用这套给煤系统。由此引起主斜井一部皮带机头的高度也将高于地面近9 m,如果将皮带驱动布置在皮带机头,对以后的设备更换、安装、维修均不利。

对此,打破常规将一部皮带驱动部分设在了井口房处,卸载点位于主立井98 m外。

这样的布置方式有以下几个方面的优点:

① 皮带驱动部分设在地面与斜井交接处,便于安装、维修。

② 充分利用了主立井给煤系统,使原箕斗出煤系统变为新皮带出煤系统,节省了建立给煤系统工序,使安装简单易行,缩短了系统改造时间。图6-5为主斜井一部皮带驱动布置及给煤系统设计图。

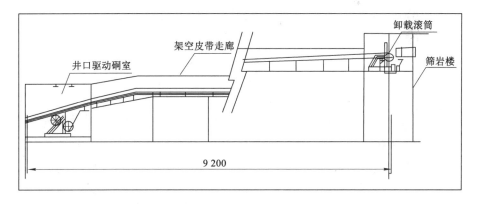

图6-5 主斜井一部皮带驱动布置及给煤系统设计图

(2) 主斜井皮带机头现场运行情况

将一部皮带驱动设备安装在主斜井地面出露位置,设备的安装及检修均十分方便,空间大,使人员避免了高空作业的危险,完全实现了机头等设备的正常检修,检修时间能够得到保障,检修质量高。其运行现场情况如图 6-6 所示。

(a) 皮带驱动　　　　　　　　　　　(b) 井口驱动位置

(c) 机头检修作业　　　　　　　　　(d) 现场架空皮带走廊

图 6-6　主斜井皮带机头、驱动及架空皮带形态

6.3.2　主斜井皮带(一部皮带)与主暗斜井皮带(二部皮带)搭接设计

按常规的设计方法,主斜井皮带与主暗斜井皮带搭接要采用将原主斜井皮带基础破坏,然后重新卧底打皮带机头基础。这样做的缺点,一是要把主斜井皮带机头基础下挖空,将主暗斜井皮带机尾伸至主斜井皮带机头下,既破坏了主斜井皮带的基础,造成其强度的降低,还需要对基础进行加固;二是同时在主斜井煤仓附近施工,不利于安全;三是这种方式将大大增加机电安装工序周期。

经过研究,将搭接方式设计为:不改变主斜井皮带的驱动滚筒,而是在主斜井皮带机头前方 8 m 位置增加卸载滚筒,并提前做基础及钢架结构。主暗斜井皮带机尾安装时,主斜井皮带可正常运行。安装完成后,将主斜井停运,给增加的滚筒穿皮带,改变其中一个驱动滚筒的运转方向,就完成了主斜井皮带与主暗斜井皮带的正常运转。主暗斜井皮带与主斜井皮带搭接布置如

图 6-7 所示。

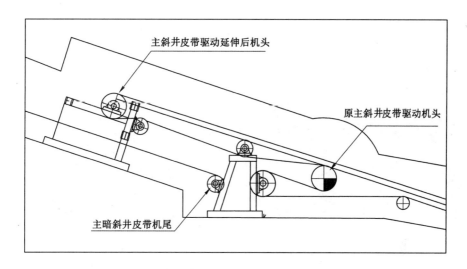

图 6-7　主暗斜井皮带与主斜井皮带搭接布置

经估算,该搭接方式可节约工期近 30 天。

6.4　井巷工程与安装工序优化

通过对运输系统布置的设计优化和各部运输机皮带搭接方式的创新,使项目施工做到了以下几个方面:

(1) 巷道贯通与地面皮带走廊可以同时进行施工,缩短了土建及矿建的施工工期,提高了施工效率。

(2) 地面带式输送机、主暗斜井带式输送机、主斜井带式输送机的安装均提前完成,并进行了调试试车。

(3) 在整个系统搭接时,实施了地面筛分设备与主斜井带式输送机搭接,对主斜井皮带机头和地面筛分设备进行基础改造,提前敷设好基础梁,安设好供电设备,待搭接时,只需进行主斜井带式输送机溜煤槽与给煤机的衔接,因此仅用了 5 d 就完成衔接任务。还进行了主斜井带式输送机与主暗斜井带式输送机搭接,为整个系统的搭接节省了工期,又不影响矿井整体生产秩序,保证了矿井全年顺利生产。

6.5　主斜井新运煤系统运行效果

图 6-8 所示为新主斜井运煤系统。

(a) 地下运煤系统

(b) 地面架空运煤系统

(c) 地面运煤卸载及筛分系统

图 6-8　主斜井运煤系统

新运煤系统自 2016 年 10 月 25 日运行至今,未出现系统故障导致影响矿井生产的情况,总体上体现了以下几个方面的优势:

(1) 矿井连续运输提升能力得到了保证

原主立井提升系统,每天不能保证井下大功率带式输送机连续运煤。改造后的主斜井、主暗斜井输送机运输能力与井下及地面运输输送机运输能力匹配,实现了羊东人多年矿井连续运输的梦想。

(2) 新运输提升系统保障了矿井开展正常的检修

原主立井每天提升时间需要近 20 h,造成运煤系统需要同步运行,使得所有设备检修时间受到压缩,检修质量存在一定的风险。新系统投入运行后,检修时间有了保证,机电设备完好性及检修质量均大幅度提高。

（3）实现了多部带式输送机创新搭接

因考虑富水地层难施工的问题，项目创新性地采用了"之"字形主斜井的设计方案，同时尽量使用原运煤系统，主斜井带式输送机、主暗斜井带式输送机、地面架空带式输送机、主斜井卸载系统的搭接均进行了创新设计，使整个运煤系统顺畅、安全、施工工期短。

（4）矿井生产能力得到了提高

原主立井提升系统矿井生产能力为 130 万 t，通过实施"之"字形主斜井，布置大功率带式输送机，现矿井生产能力达到了 180 万/a，生产能力得到了大幅度提升，满足了羊东矿按规划正常组织矿井生产的需要。

7 项目总结

　　羊东矿主斜井提升系统扩能改造工程为峰峰集团重点工程,设计主斜井长度为 196 m,还有配套的硐室等井巷工程、机电安装工程等。经过现场试验,精心准备、统筹规划,项目于 2015 年 1 月 10 开始施工,2016 年 8 月 25 日正式贯通,历时 1 年 7 个月 15 天,共计 593 天,顺利完成了这项羊东人 40 年来一直想完成的扩能提效任务。

　　(1) 成立了卓有成效的技术研究攻关课题组

　　原来出煤系统改造中遇到诸多问题,出现反复停工情况,后随着矿井储量的减少,未再进行出煤系统提升能力的改造,实现皮带连续运煤成了羊东矿多年来的一个梦想。矿井延深水平完成后,储量增加,矿井需要提档进型。为了保证羊东矿矿井提档升级项目的顺利进行,峰峰集团公司、瑞达设计院和羊东矿联合成立了攻关小组,针对这一项目展开研究工作。

　　(2) 多家工程队伍通力协作共同完成改造工程

　　项目累计施工主斜井及相关硐室巷道 392.65 m,施工帷幕注浆钻孔 236个,地层中注入水泥 5 000 t,化学浆 75 t。由于施工难度较大,有时为了治理涌水不得不停止掘进,掘进施工不能正常进行,因此先后包括晋升公司、河北纵横工程公司、四川煤建公司及羊东矿三掘进区进行了施工并顺利收尾完工,各队伍具体完成工程量见表 7-1。地面水泥帷幕注浆主要由羊东矿抽放区完成,工作面迎头短壁注浆由河北纵横工程公司完成,注化学浆施工由羊东矿综掘进区完成。2016 年 10 月 25 日完成了安装工作,此后矿井出煤系统的运输能力由原来的 250 t/h 提高至 450 t/h,大大提高了矿井生产能力,使矿井焕发出新的生机与活力。

表 7-1　羊东矿主斜井改造系统各施工单位完成工程量　　　　　单位：m

巷道类别		施工单位				
		晋升公司	四川煤矿建设公司	河北纵横工程公司	羊东矿三掘进区	合计
表土段	主斜井明槽段	35.7+2				35.7+2
	主斜井暗槽表土段	11		8	33.2	52.2
基岩段巷道	主斜井		90.6+1.5		39.1+4.5+0.7	129.7+6.7
	搭接硐室		14.3			14.3
	主暗斜井机头硐室		24+1.75+2			24+3.75
	配电硐室及通路				72.8+3+2.5	72.8+5.5
	贯通巷		33.7			33.7
	二三部搭接硐室				12.3	12.3
合计		48.7	167.85	8	168.1	392.65

（3）制定了详细的主斜井过富水地层施工技术路线

图 7-1 为主斜井过富水表土层施工总技术路线，图 7-2 为主斜井过富水表土层暗槽掘进施工技术路线，图 7-3 为明、暗槽开挖段注浆技术路线。通过制定详细的技术路线，使工程能够有序进行，保证了工期。

（4）自主创新研究出了一系列的核心关键技术

项目针对羊东矿主立井难以扩大矿井产能以及原设计主斜井遇富水流砂层未能完工的问题，通过分析现场情况，充分利用原主斜井完工工程，在此基础上优化设计了"之"字形反向掘进主斜井方案，提出了四维注浆隔水技术及配套注浆技术、大断面斜井综合支护加固技术。自行研制出的定位注浆装置，实现了根据地层内含水层位置及主斜井（巷道）施工工程之间的空间位置关系实施区域定位注浆堵水，克服了塌孔、下孔口管困难、工期长的难题，减少了注浆材料的浪费。针对松散地层注浆跑浆、漏浆问题，开发出的围堰自然返流、邻孔窜浆的跑漏浆治理技术，通过向邻近跑漏浆钻孔注浆，使浆液沿地层裂隙导流至跑漏浆钻孔中，达到继续注浆的目的。提出的松散表土层中 U 型钢临时支护钢筋混凝土永久支护，注浆加固成为整体的综合围岩控制技术，有效解决了泥岩遇水强烈崩解泥化、"之"字形大断面主斜井围岩难控制的技术问题。根据"之"字形主斜井皮带运输折返特点，将主暗斜井内皮带与主斜井皮带近平行布置，采用自溜装置搭接，主斜井皮带实现煤流返向，将主斜井皮带驱动设置在皮带中间，并向前延伸至原主斜井皮带卸载点，方便了机电设备安装及维护。

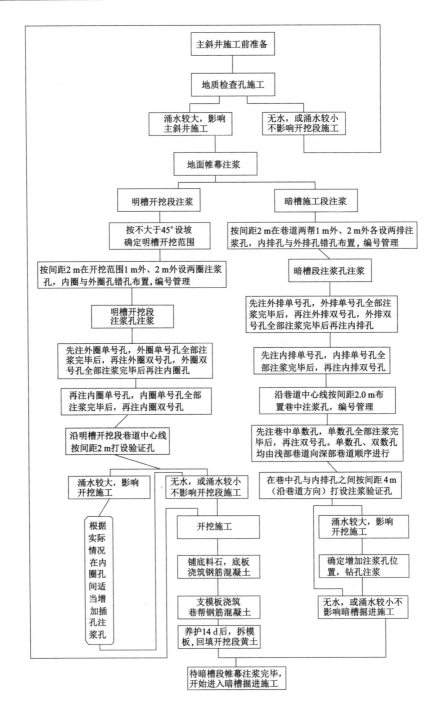

图 7-1　主斜井过富水表土层施工总技术路线

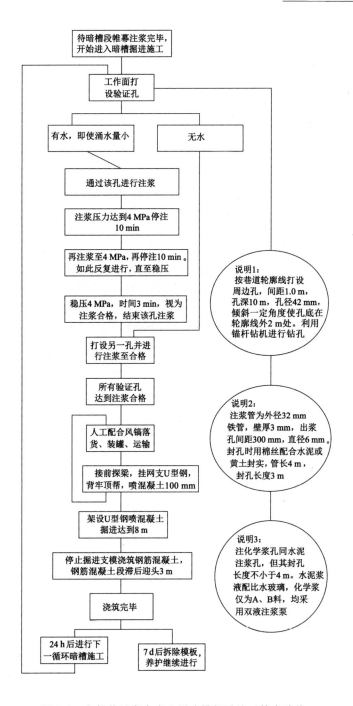

图 7-2 主斜井过富水表土层暗槽掘进施工技术路线

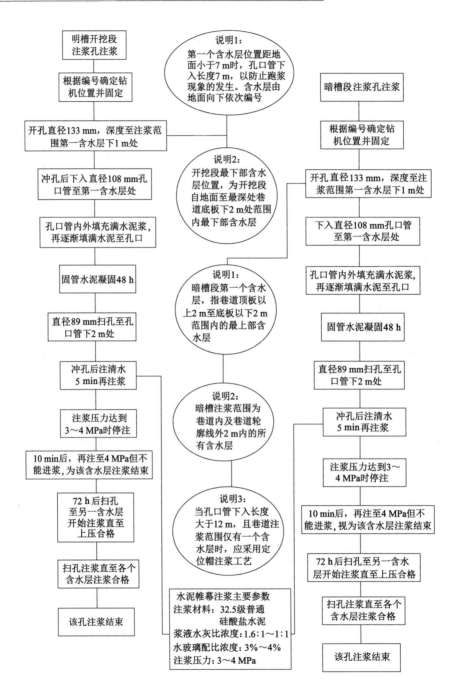

图 7-3 明、暗槽开挖段注浆技术路线

（5）主斜井地层注浆效果显著

地面帷幕注浆后，主斜井的涌水量由 $50\sim60\ m^3/h$ 降低至 $0\sim3\ m^3/h$，为主斜井掘进提供了有利条件；超前预注浆有效地解决了主斜井掘进时发生坍塌的危险；滞后注浆提高了围岩强度，使主斜井支护系统更加可靠。

（6）施工大事记

为了早日完工，在优化设计方案后，主斜井井巷的施工共安排了上下两组队伍进行，表土层下部 3 m（即垂深 22 m）下的基岩段巷道由一组队伍进行施工，另一组队伍由地面向下进行施工，由地面队伍与井下进行贯通。

① 井下基岩段斜井施工情况

主斜井井下浅部基岩段工程包括搭接硐室、配电室、贯通巷、部分主斜井等，共 302.75 m，标高在 $+136\sim+20$ m，岩性以泥质砂岩、粉砂岩、砂页岩为主，埋深较浅。该工程由四川煤建公司（施工 167.85 m）和羊东矿三掘进区（施工 134.9 m）共同完成。

在施工期间遇到了树脂药卷凝固慢、水压低、软岩打眼卡钻等问题。处理方法有：改进树脂药卷型号；掘进头配备了乳化液泵，将高压管路更换成了直径 25 mm 的高压管，向掘进头供应 2 MPa 压力水；钻孔堵钻杆时，采取反复钻进、增加药卷数量、打设放水孔的措施，保证成孔和锚杆锚索施工质量。

在支护方面，硐室规格较大处，严格执行锚杆锚索及时支护，并且缩小锚索的间排距，加长锚索长度。如搭接硐室部位为上山巷道与反方向上山巷道叠加在一起，高度为 7.0 m，宽度达到 8 m，只能成施工底板，进行上山施工，然后再进行卧底施工。搭接硐室开始施工时，需先拆除原主暗斜井的料石碹，由于此巷道为 1976 年所掘，在淋水、矿压作用下，碹上岩层离层范围较大、破碎较严重，且该处泥岩较软，锚索锚杆孔成孔困难，不易支护。为保证顶板安全，现场采取了先打设锚索，后进行锚杆支护的措施。锚索长度由 8 m 加长至 10 m，锚索间排距缩小至 1.0 m，在锚索孔中增加药卷数量，实行根根验收预紧力，对达不到要求的锚索坚决做到重新打设，直至合格，保证锚索锚固在巷道周围的稳定岩层中。并且在一个排距的锚索完成后及时进行锚杆支护，锚杆的间排距 0.7 m，进行完锚杆支护后再进行锚索二次张拉支护。一个控顶距范围内的锚索、锚杆全部完成后再进行下一轮的扩掘施工，保证了安全生产。

当施工至 56 点前 61.3 m 处，迎头顶板距表土层 3.7 m，为防止表土层在施工中冒落而出现涌水冲刷现象，停止了上山施工，决定由上部施工队伍按下山施工进行贯通。为防止在贯通时出现涌水下泄冲刷至下山巷道中，在停头处后撤 2 m 开始垒设一道挡墙,挡墙厚度为 0.5 m,挡墙与迎头之间用 C20 混凝土喷实。停头后,进行了壁后注浆加固巷道,在地面施工两个注浆钻孔加固挡墙以里的岩层及表土层,防止地面帷幕注浆钻孔注浆期间井下跑浆及治理涌水。

② 自地面表土层进入基岩 4 m 前主斜井施工情况

井上队伍自 2015 年 1 月 10 日开始施工,经历了明槽开挖、帷幕注浆、明槽浇筑混凝土、暗槽施工等阶段,共计施工巷道 87.9 m,其中:明槽开挖 35.7 m、暗槽施工 52.2 m。工程量虽然不多,但存在表土层富含地表水、土层施工的特殊性、治理涌水需要注浆的施工间歇性等因素。其中晋升公司施工队施工明槽开挖 35.7 m、暗槽施工 11 m,纵横公司施工 8 m,羊东矿三掘进区完成剩余 33.2 m 的施工,顺利收尾并完成全部基础施工。

8　结论及展望

　　井筒是矿井生产的咽喉,井筒的提升能力决定了矿井的产能,针对羊东矿主立井难以扩大矿井产能以及原设计主斜井遇富水流砂层未能完工的情况,通过理论分析、现场试验、数值模拟等综合研究方法,系统研究了羊东矿主斜井区域岩土体水文地质及工程地质条件特征,提出了"之"字形主斜井设计方案,开发出了四维注浆隔水技术及配套注浆技术,研究了大断面斜井综合支护加固技术,优化设计了运煤系统搭接方式,现场应用效果显著。得到以下研究结论。

8.1　结论

　　(1) 在原主斜井完工部分的基础上,优化设计了"之"字形反向掘进主斜井工程,新主斜井可实现与原出煤系统无缝对接,并利用原有地面储、装、运系统,矿井运煤能力由 250 t/h 提高至 450 t/h。

　　(2) 针对表土层厚并具有强含水的特征,提出了地面帷幕注浆、主斜井掘进头超前预注浆及滞后补强注浆的"四维"注浆隔水掘进技术,切断了含水层向主斜井施工区域的补水通道,有效解决了主斜井明槽、暗槽及基岩段在强富水地层中难以施工的问题,顺利实现了主斜井贯通,圆了羊东矿 40 年来煤流连续运输梦。

　　(3) 针对黄土地层遇水泥化注浆困难的问题,开发出了富水黄土地层内小流量、稀浓度间歇式注浆技术,即注浆速度控制在 35~60 L/min、水泥浆水灰比在 1.6∶1~1∶1、漏浆或跑浆暂停间歇 3~5 min,实现了在黄土地层中实施水泥注浆。

　　(4) 自行研制出了定位注浆装置,实现了根据地层内含水层位置及主斜井(巷道)施工工程之间的空间位置关系实施区域定位注浆堵水,克服了塌孔、下孔口管困难、工期长的难题,减少了注浆材料的浪费。

(5)针对松散地层注浆跑浆、漏浆问题,开发出了围堰自然返流、邻孔窜浆的跑漏浆治理技术,通过在邻近跑漏浆口附近钻孔注浆,使浆液沿地层裂隙导流至跑漏浆钻孔中,达到继续注浆的目的。

(6)提出了松散表土层中 U 型钢临时支护、钢筋混凝土永久支护,注浆加固成为整体的综合围岩控制技术,有效解决了泥岩遇水强烈崩解泥化、"之"字形大断面主斜井围岩难控制的技术问题。

(7)根据"之"字形主斜井皮带运输折返特点,采取了主暗斜井内皮带与主斜井皮带近平行布置,采用自溜装置搭接,主斜井皮带实现煤流返向,将一部皮带驱动设置在皮带中间,并向前延伸至原主斜井皮带卸载点,方便了机电设备安装及维护。

(8)通过综合采用大断面围岩控制技术,主斜井两帮最终变形在控制 32～49 mm,顶板下沉量在 49～65 mm,有效控制了主斜井的稳定。

8.2 创新点

(1)针对羊东矿产能提升现状,为了充分利用原有地面储、装、运系统,优化设计了"之"字形主斜井开拓布置方式,实现新主斜井与原出煤系统无缝对接,提高了矿井运煤能力。

(2)针对施工巷道表土层强含水条件,提出了地面帷幕注浆截流含水层水源补给、超前长短孔预注浆驱散地层遗留水、滞后注浆提高围岩强度的注浆隔水等关键技术,实现了主斜井安全高效施工,有效地解决了羊东矿主斜井富水松散地层施工技术难题。

(3)研制出靶域定位注浆装置,开发了富水黄土地层内小流量、稀浓度间歇式注浆技术和围堰自然返流、并联注浆治理邻孔窜浆跑漏浆技术,解决了水泥浆液可注性、浆液流失及漏浆问题,成功实现了在羊东矿黄土地层中实施水泥注浆。

(4)研究提出了主暗斜井皮带与主斜井皮带近平行布置方案,实现了两部带式输送机的自溜搭接,突破了传统煤仓转载搭接方式,解决了机电设备安装及维护难题。

8.3　展望

　　随着我国煤矿开采深度的增加,斜井开拓越来越多,但受穿越地层多、地下水、断层等影响,羊东矿采用的"之"字形布置斜井是很好的开拓方式,具有广泛的推广价值。下一步要针对羊东矿地质条件,深入研究"之"字形主斜井的适用性、折返处大断面支护加固机理及技术。

参 考 文 献

[1] LOMBARDI G. 水泥灌浆浆液是稠好还是稀好[M]//现代灌浆技术译文集. 北京：水利电力出版社,1991:76-81.

[2] 卢什尼科娃. 根据钻孔流量仪测定资料确定岩石的裂隙性质[J]. 国外煤田地质,1987(2):186-191.

[3] WITTKE W. 采用膏状稠水泥浆灌浆新技术[M]//现代灌浆技术译文集. 北京：水利电力出版社,1991:48-58.

[4] BAKER W H. 以压密灌浆加固已建土石坝坝基[M]//现代灌浆技术译文集. 北京：水利电力出版社,1991:117-126.

[5] CHUAQUI M, BRUCE D A. Mix design and quality control procedures for high mobility cement based grouts[C]. Third International Conference on Grouting and Ground Treatment: American Society of Civil Engineers, 2003.

[6] BORDEN R H, KRIZEK R J, BAKER W H. Creep behavior of silicate-grouted sand[C]//Proceedings of the Conference, ASCE. [S. l: s. n], 1982: 450-469.

[7] NONVEILLER E. Grouting theory and practice[M]. New York: Elsevier Science Publishers B. V. ,1989:1-7.

[8] BAKER W H. Planning and performing structural chemical grouting[C]// Proceedings of the Conference, ASCE. [S. l: s. n], 1982:515-539.

[9] DER STOEL V, ALMER E. Pile foundation improvement by permeation grouting[C]. Third International Conference on Grouting and Ground Treatment, 2003.

[10] KAROL R H. Seepage control with chemical grout[C]//Proceedings of

the Conference,ASCE. [S. l:s. n],1982:564-575.

[11] KAROL R H. Chemical grouting and soil stabilization, revised andexpanded[M]. 3 rd ed. New York: Marcel Dekker,Inc. ,2003.

[12] BREITSPRECHER G,TÓTH P S. Underpinning of a pier by microfine cement grouting and compensation grouting[C]. Third International Conference on Grouting and Ground Treatment:American Society of Civil Engineers,2003.

[13] KAROL R H. Chemical grouts and their properties[C]//Proceedings of the conference,ASCE. [S. l:s. n],1982:359-377.

[14] 李术才,韩伟伟,张庆松,等.地下工程动水注浆速凝浆液黏度时变特性研究[J].岩石力学与工程学报,2013,32(1):1-7.

[15] 张伟杰.隧道工程富水断层破碎带注浆加固机理及应用研究[D].济南:山东大学,2014.

[16] 韩伟伟.基于渗滤效应的水泥浆液多孔介质注浆机理及其工程应用[D].济南:山东大学,2014.

[17] 张庆松,韩伟伟,李术才,等.灰岩角砾岩破碎带涌水综合注浆治理[J].岩石力学与工程学报,2012,31(12):2412-2419.

[18] KARL T. Theoretical soil mechanics[M]. Hoboken:John Wiley & Sons, Inc. ,1943.

[19] BIOT M A. Theory of elasticity and consolidation for a porous anisotropic solid[J]. Journal of applied physics,1955,26(2):182-185.

[20] BIOT M A. General solutions of the equations of elasticity and consolidation for a porous material[J]. Journal of applied mechanics,1956,23(1): 91-96.

[21] NOORISHAD J,AYATOLLAHI M S,WITHERSPOON P A. A finite-element method for coupled stress and fluid flow analysis in fractured rock masses[J]. International journal of rock mechanics and mining sciences & geomechanics abstracts,1982,19(4):185-193.

[22] EVDOKIMOV P D, ADAMOVICH A N, FRADKIN L P,et al. Shear strengths of fissures in ledge rock before and after grouting[J]. Hydrotechnical construction,1970,4(3):229-233.

[23] 葛家良,陆士良.注浆模拟试验及其应用的研究[J].岩土工程学报,1997,

19(3):28-33.

[24] 杨坪,唐益群,彭振斌,等.砂卵(砾)石层中注浆模拟试验研究[J].岩土工程学报,2006,28(12):2134-2138.

[25] 宗义江,韩立军,韩贵雷.破裂岩体承压注浆加固力学特性试验研究[J].采矿与安全工程学报,2013,30(4):483-488.

[26] 雷进生,刘非,王乾峰,等.非均质土层的注浆扩散特性与加固力学行为研究[J].岩土工程学报,2015,37(12):2245-2253.

[27] 韩立军,宗义江,韩贵雷,等.岩石结构面注浆加固抗剪特性试验研究[J].岩土力学,2011,32(9):2570-2576.

[28] 张庆松,李鹏,张霄,等.隧道断层泥注浆加固机制模型试验研究[J].岩石力学与工程学报,2015,34(5):924-934.

[29] 张农,侯朝炯,陈庆敏,等.岩石破坏后的注浆固结体的力学性能[J].岩土力学,1998,19(3):50-53.

[30] 杨米加,陈明雄,贺永年.注浆理论的研究现状及发展方向[J].岩石力学与工程学报,2001,20(6):839-841.

[31] 刘长武,陆士良.水泥注浆加固对工程岩体的作用与影响[J].中国矿业大学学报,2000,29(5):454-458.

[32] 黄德发,王宗敏,杨彬.地层注浆堵水与加固施工技术[M].徐州:中国矿业大学出版社,2003.

[33] 刘彦伟,程远平,李国富.高性能注浆材料研究与围岩改性试验[J].采矿与安全工程学报,2012,29(6):821-826.

[34] WONG I H,POH T Y. Effects of jet grouting on adjacent ground and structures[J]. Journal of geotechnical and geoenvironmental engineering,2000,126(3):247-256.

[35] 张康康.超细硫铝酸盐水泥基注浆材料外加剂的研究[D].焦作:河南理工大学,2011.

[36] 冯志强,康红普,杨景贺.裂隙岩体注浆技术探讨[J].煤炭科学技术,2005,33(4):63-66.

[37] 邝健政,昝月稳,王杰,等.岩土注浆理论与工程实践[M].北京:科学出版社,2001.

[38] 陈愈炯.压密和劈裂灌浆加固地基的原理和方法[J].岩土工程学报,1994,16(2):22-28.

[39] DREESE T L,WILSON D B,HEENAN D M,et al. State of the art in computer monitoring and analysis of grouting[C]. Third International Conference on Grouting and Ground Treatment:American Society of Civil Engineers,2003:1440-1453.

[40] 李慎举,王连国,陆银龙.破碎岩体巷道变形破坏特征的数值模拟研究[J]. 采矿与安全工程学报,2011,28(1):39-44.

[41] 冒海军,杨春和.结构面对板岩力学特性影响研究[J].岩石力学与工程学报,2005,24(20):3651-3656.

[42] 马占国,兰天,潘银光,等.饱和破碎泥岩蠕变过程中孔隙变化规律的试验研究[J].岩石力学与工程学报,2009,28(7):1447-1454.

[43] 周洪福,聂德新,陈津民.深部破碎岩体变形模量的一种新型试验方法及工程应用[J].吉林大学学报(地球科学版),2010,40(6):1390-1394.

[44] 杜永.风化带破碎岩体的渗透特性试验研究[J].西部探矿工程,2010, 22(7):27-30.

[45] 任克昌.关于软弱破碎岩体灌浆固结后的变形与强度问题[J].水力发电, 1987,13(10):22-28.

[46] 王汉鹏,高延法,李术才.岩石峰后注浆加固前后力学特性单轴试验研究 [J].地下空间与工程学报,2007,3(1):27-31.

[47] 张农.巷道滞后注浆围岩控制理论与实践[M].徐州:中国矿业大学出版社,2004.

[48] 刘娟红,卞立波,何伟,等.煤矿矿井混凝土井壁腐蚀的调查与破坏机理 [J].煤炭学报,2015,40(3):528-533.

[49] 李学华,黄志增,杨宏敏,等.高应力硐室底鼓控制的应力转移技术[J].中国矿业大学学报,2006,35(3):296-300.

[50] 李学华,王卫军,侯朝炯.加固顶板控制巷道底鼓的数值分析[J].中国矿业大学学报,2003,32(4):436-439.

[51] BLAKE W,CUVELIER D J. Developing reinforcement requirements for rockburst conditions at Hecla's lucky Friday mine[J]. International journal of rock mechanics and mining sciences & geomechanics abstracts, 1992,29(5):310.

[52] 王志清,万世文.顶板裂隙水对锚索支护巷道稳定性的影响研究[J].湖南科技大学学报(自然科学版),2005,20(4):26-29.

[53] 左建平,孙运江,王金涛,等.大断面破碎巷道全空间桁架锚索协同支护研究[J].煤炭科学技术,2016,44(3):1-6.

[54] 侯公羽,李晶晶,杨悦,等.围岩弹塑性变形条件下锚杆、喷混凝土和U型钢的支护效果研究[J].岩土力学,2014,35(5):1357-1366.

[55] 曾佑富,伍永平,来兴平,等.复杂条件下大断面巷道顶板冒落失稳分析[J].采矿与安全工程学报,2009,26(4):423-427.

[56] 王襄禹,张宏伟,李国栋.弱胶结富水顶板巷道围岩控制技术研究[J].煤炭科学技术,2018,46(1):88-92,98.

[57] 李眷.富水巷道围岩弱化机理分析及锚注支护技术研究[D].青岛:山东科技大学,2012.

[58] 关瑞斌.坚硬顶板水压力作用机理研究[D].西安:西安科技大学,2008.

[59] 杨振峰.岩石风化作用的力学效应试验研究[D].南京:东南大学,2007.

[60] 邓飞,罗福友,胡龙飞,等.水对岩石物理性质及声发射特征影响研究现状[J].采矿技术,2013,13(6):37-39.

[61] YAO C Q. Study on the new shell bolting and shotcrete support and its application in soft rock tunnels[J]. Journal of coal science and engineering (China),2009,15(1): 41-45.

[62] 杨洋.富水围岩回采巷道锚杆支护技术研究[J].煤,2013,22(1):11-13.

[63] 杨吉平,姜光,王益品,等.富水软岩异形巷道支护技术[J].煤矿开采,2010,15(1):68-70.

[64] 许兴亮,张农.富水条件下软岩巷道变形特征与过程控制研究[J].中国矿业大学学报,2007,36(3):298-302.

[65] 夏宇君,张海亮,郭磊,等.富水软岩大断面巷道支护工艺[J].建井技术,2014,35(3):4-6.

[66] 何满潮,袁和生,靖洪文,等.中国煤矿锚杆支护理论与实践[M].北京:科学出版社,2004.

[67] 康红普,王金华,林健.煤矿巷道锚杆支护应用实例分析[J].岩石力学与工程学报,2010,29(4):649-664.

[68] 张农,李桂臣,阚甲广.煤巷顶板软弱夹层层位对锚杆支护结构稳定性影响[J].岩土力学,2011,32(9):2753-2758.

[69] 王连国,李明远,王学知.深部高应力极软岩巷道锚注支护技术研究[J].岩石力学与工程学报,2005,24(16):2889-2893.

[70] 孟庆彬.深部高应力软岩巷道变形破坏机理及锚注支护技术研究[D].青岛:山东科技大学,2011.

[71] 乔卫国,孟庆彬,林登阁,等.深部高应力膨胀性软岩巷道锚注支护技术及相似模拟试验研究[J].矿冶工程,2011,31(2):24-28.

[72] 胡敏军.深部高应力软岩巷道时效变形机理研究[D].徐州:中国矿业大学,2015.

[73] 赵庆彪.深井破碎围岩煤巷锚杆-锚索协同作用机理研究[D].北京:中国矿业大学,2004.

[74] 窦林名,邹喜正,曹胜根,等.煤矿围岩控制与监测[M].徐州:中国矿业大学出版社,2007.